智能马桶电磁兼容测试与设计

ZHINENG MATONG DIANCI JIANRONG CESHI YU SHEJI

主　编　叶益阳

副主编　徐华月　翁晓伟　吴意囡　朱品霖

西安交通大学出版社
XI'AN JIAOTONG UNIVERSITY PRESS

图书在版编目(CIP)数据

智能马桶电磁兼容测试与设计/叶益阳主编. —西安：
西安交通大学出版社，2023.6
ISBN 978-7-5693-3160-8

Ⅰ.①智… Ⅱ.①叶… Ⅲ.①洗涤器具-电磁兼容性
②洗涤器具-产品设计 Ⅳ.①TS914.254

中国国家版本馆 CIP 数据核字(2023)第 054143 号

书　　名 智能马桶电磁兼容测试与设计
主　　编 叶益阳
责任编辑 郭鹏飞
责任校对 魏　萍

出版发行 西安交通大学出版社
(西安市兴庆南路 1 号　邮政编码 710048)
网　　址 http://www.xjtupress.com
电　　话 (029)82668357 82667874(市场营销中心)
(029)82668315(总编办)
传　　真 (029)82668280
印　　刷 西安日报社印务中心

开　　本 787 mm×1092 mm　1/16　**印张** 11　**字数** 272 千字
版次印次 2023 年 6 月第 1 版　2023 年 6 月第 1 次印刷
书　　号 ISBN 978-7-5693-3160-8
定　　价 58.00 元

如发现印装质量问题，请与本社市场营销中心联系。
订购热线：(029)82665248　(029)82667874
投稿热线：(029)82669097　QQ：8377981
读者信箱：lg_book@163.com

编委会

前　言

随着我国人民生活水平的不断提高，智能马桶作为卫浴与家电的结合品，近些年表现出了极其强劲的增长势头，然而随之而来的各种质量问题，也给行业的发展敲响了警钟。如何在设计与整改环节规避与解决此类问题，加强对产品质量的控制，降低产品的返修率，从而打破制约行业进一步发展的瓶颈，是当前必须面对的严峻考验。

电磁兼容是一门跨学科的工程实践性强的新兴学科，在我国仅有几十年的历史。它主要研究电子、电气设备之间，以及与环境之间的兼容性，其理论是建立在电磁场理论、电路理论的基础上的。近年来，电磁兼容问题已成为电子设备或系统中的一个严重问题，其在质量保证体系中的重要作用逐渐被人们所认识，该技术已引起行业技术人员和管理人员的高度重视。

电磁兼容检测是确保质量不可缺少的技术手段，智能马桶的电磁兼容性能合格与否需要通过检测来衡量。另外，在智能马桶的设计和研制过程中，进行电磁兼容的相容性预测和评估，才能及早发现可能存在的电磁干扰，并采取必要的抑制和防护措施。所以智能马桶产业要提高电磁兼容标准意识，严把设计和检测关，减少电磁干扰，从根本上提高产品的质量与可靠性。

本书内容主要取自一线检测实验室和实际整改经验，具有理论和实践相结合的特点。本书较为详尽地介绍了智能马桶及其电磁兼容性能的相关内容，并通过作者对标准的理解与分析，对测试的全过程进行详细解析，配合实际的产品测试案例，帮助读者快速掌握标准与测试的精髓。本书根据不同的测试项目，有针对性地给出相对应的电磁兼容设计的方法和注意事项，又结合实际介绍了产品电路设计、电磁兼容故障的诊断及整改措施。

本书共 8 章，第 1 章描述智能马桶的起源与发展；第 2 章对智能马桶的分类、结构、功能以及标准进行比较详细的介绍；第 3 章讲述电磁兼容的基本概念；第 4 章进一步阐述电磁兼容的测试与标准；第 5 章、第 6 章分别具体介绍了智能马桶电磁发射与电磁抗扰度测试的相关内容；第 7 章从智能马桶电路设计入手，分析了产品的EMC设计;第8章结合具体项目,分析了智能马桶的典型电磁兼容整改案例。

本书的内容都是基于工程师在产品实践过程中遇到的普遍性问题展开探讨的。从检测到整改,以一名工程师的操作视角为读者提供实用的行动导向,帮助大家在遇到问题时能够迅速发现并找到关键要素,最终顺利解决问题。

由于编者水平有限,书中存在的不足之处,欢迎批评指正。

叶益阳

2022年10月

目　录

7794

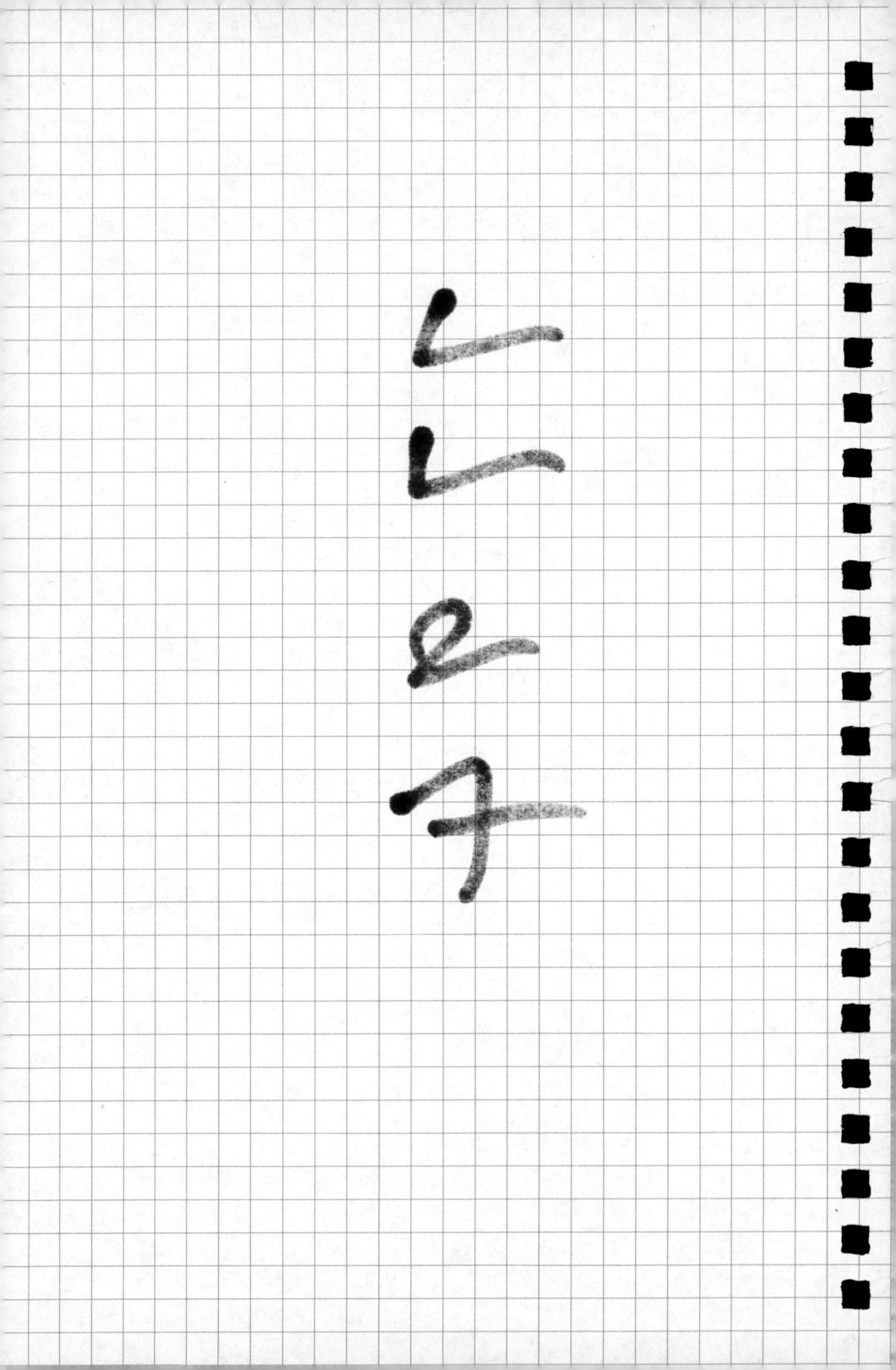

第1章　智能马桶的起源与发展

有人列举了人类文明史上最伟大的十大发明，马桶就是其中之一。当然，这仅代表部分人的观点，但也从侧面反映出马桶的确是文明的见证者。有些学者认为人类文明史应从马桶诞生开始，因为人类对排泄物处理方式的改进，一直伴随着人类文明的进程。时至今日，马桶的叫法和用途始终没有更多的改变，只是在智能化的当代，马桶的科技含量越来越高，使用功能也愈加齐全了。

要想全面了解马桶，那就得搞清楚马桶的组成结构。普通马桶实物如图1-1所示，其主要由陶瓷底座、陶瓷水箱、盖板、进水管、排水管、溢流管、阀门、浮物、放水开关及杠杆等组成。这些部件相互作用，形成一个系统的循环。可以想象一下，根据连通管原理，U形管的两端水位应该是等高的，除非水位被加高到连通管最高点，这时污水就会溢出来，沿着污水管往下落，这也是“冲落式马桶”名称的由来。我们依照实际情形来试验一下，当你按下水箱的开关，整个水箱的水倾泻而下，马桶中水位增高，淹没了U形管的最高点，马桶中的污物就会被水强力冲入出水管。然而，当水面平稳下来之后，U形管内还会留着一截水，这也就是我们平时看到的马桶底部遗留的水。

图1-1　普通马桶实物

从试验结果就能发现如下现象：抽水马桶的“抽水”是指马桶下面的S形弯，在排污时，马桶内的水面超过S形弯的高点时，形成虹吸现象，能够把水和污物一同抽走，直到只剩下少量水时，虹吸被破坏，形成了水封。虹吸现象是液态分子间引力与位差能造成的，即利用水柱压力差，使水上升再流到低处。由于管口水面承受不同的大气压力，水会由压力大的一边流向压力小的一边，直到两边的大气压力相等，容器内的水面变成相等高度，水就会停止流动，利用虹吸现象很快就可将容器内的水抽出。S形弯隐藏在内部，好比放得高一点的水桶内的水，经过一根充满水的管子，管子的出水口比桶底还低，管子的进水口在桶内直达水底，这样，桶内的水就会沿管子翻过比液面高的桶的口沿，流向桶外的更低处，即先向上后向下，直到桶内的水全部流光。将虹吸现象的排水原理运用到抽水马桶中，解决了困扰人类几千年的排泄问题。

科技总是在不断地发展，我们每天使用的马桶也离不开科技的进步，智能马桶是在普通马桶基础上附加了一些舒适和卫生功能，它的工作结构与普通抽水马桶相比，最大的区别是配置了电动控制的功能，比如自动清洗、自动烘干、除臭除菌等。随着电子科技的不断发展和流行，现如今人们生活的各个方面融入了智能化因素，以智能马桶为代表的家居行业尤为显著，由此也给我们的生活带来更多的幸福感。

1.1 国内马桶的起源

人类的发展史也是文明的演变史，其中抽水马桶演变史就是现代文明的标志之一。人们方便时坐的桶子，为什么叫做“马桶”？这个“马”到底从哪里说起？这就不得不提到北宋时期欧阳修创作的《归田录》：“燕王好坐木马子，坐则不下”。其中的“木马子”就是目前能查阅到的关于“马桶”最早的文字记载。《辞源》中对“木马子”的解释则是“木制的马桶”，又可以简称为马桶。宋朝时期不仅宫廷内或大臣家有马桶，生活在城市中的居民，也几乎家家都有马桶。

至于马桶的历史，还得从汉朝说起，据《西京杂记》记载，汉朝宫廷用玉石制成“虎子”，其外形像一只匍匐而卧的老虎，如图1-2所示，它日常由皇帝的侍从人员拿着，以备皇上随时方便。这种“虎子”，就是后人称坐便器、便壶的专门用具，也是马桶的前身。

图1-2 传说的“虎子”

图1-3 中国特色民间便桶

关于“虎子”的发明还有另外一种说法，也与皇帝有关。相传西汉时“飞将军”李广射死卧虎之后，汉武帝曾亲自下令，命人铸成虎形铜质溺具，然后让人们把小便解在里面，以表示对猛虎的蔑视，这就是“虎子”得名的由来。可是到了唐朝皇帝掌权时，因其家族先人中有取“李虎”

这个名字的，便将“虎子”改为“兽子”或“马子”，再往后慢慢俗称“马桶”和“尿桶”。马桶的发展，如人们所见，不管怎么演变，基本摆脱不了盆形和桶形的外观，特色便桶如图 1-3 所示。

1.2 抽水马桶的发展

抽水马桶是随着第一次工业革命产生的，是机器代替手工劳动的产物，主要用于处理人体排泄物，解决人类的排泄卫生和安全问题。

根据世界厕所组织提供的数据，全球每天可产生 150 多万吨排泄物，相当于 16 艘航空母舰的质量。在历史上有两种恶性疾病都与人类的排泄物有关：霍乱和伤寒。如果不能妥善处理排泄物及其导致的疾病，人类文明就不可能繁荣发展。所以当人类开始大规模聚居时，马桶问题成了当务之急。

中世纪英国伊丽莎白时代，贵族会用石头在城堡里盖一间厕所，但大多数城市居民是在卧室里使用夜壶。天亮后，他们会从窗户把尿直接倒在街上；粪便会由特别挖建的排水沟排进污水坑或护城河里。这种看似卫生的做法实际对人类健康构成了严重威胁。

1596 年，英国人哈林顿发明的抽水便池，诞生在英国女王伊丽莎白的宫殿里，它是一个简单的有水箱的木制座位，但是不隔臭，而且噪声大，没有排污系统，所以一直没有得到推广，但这就是抽水马桶的雏形。世界上第一只抽水马桶如图 1-4 所示。

图 1-4 世界上第一只抽水马桶

1775 年，英国钟表匠卡彭斯对哈林顿的设计进行了改进，使储水器里的水每次用完后，能自动关闭阀门，还能让水自动灌满水箱。

1778 年，英国工匠布拉莫再一次改进原来的设计，将增加了把手的储水器放在了便池的上方，同时在便池上增加了盖板。

1790 年，英国发明家约瑟夫又一次改进了马桶，增加了控制水量的球阀和防臭功能的 U 形管道设计，人类才真正意义上开始使用抽水马桶。

马桶虽然改善了个人卫生，但由于排泄物是顺着管道直接排到河里，这就导致了严重的环境污染，从而造成了传染病的流行。直到 1858 年夏天，伦敦泰晤士河爆发了著名的“大恶臭事件”，人们才开始建设下水道系统。

1861 年，管道工托马斯·克莱帕改进了抽水马桶，并发明了一套先进的节水冲洗系统。

19 世纪后期，欧洲各大城市都安装了自来水管道和排污系统，抽水马桶才真正普及起来。自此，人体废物排放进入现代化时期，抽水马桶开始由欧美传入亚洲国家。

在中国，19 世纪中叶，抽水马桶最早出现在上海黄浦江的外国轮船上，之后在上海开始流行。直到 20 世纪 90 年代，抽水马桶才开始在中国的城市中普及。

1.3 智能马桶的起源

智能马桶是现代文明的产物，除了处理人体排泄物外，主要用于清洗下体，给使用者带来舒适和健康的如厕体验。智能马桶起源于美国，最早并不是为了改善马桶的功能，而是用于医疗和老年保健。

世界上第一台智能马桶诞生于 1964 年的美国，美国人阿诺德·科恩为了自己患病的父亲，花费两年时间研制出一个由脚踏板控制的集清洗和烘干为一体的智能马桶，并获得专利。但是当时大多数美国人认为有关如厕的问题太过于低俗，且由于生活习惯和饮食的差异，智能马桶在美国的销量一直不理想。

20 世纪 80 年代，日本经改良推出了全新的智能马桶产品，该产品具有清洗、吹风烘干、坐圈加热等功能。由于日本人对如厕环境和产品体验要求非常严格，因此这种能够处理排泄物且便捷、舒适、健康的洁身器具在日本受到了极大欢迎。

经过 30 多年的推广应用，智能马桶成为日本、韩国等国家庭中不可或缺的家用电器。目前，日本绝大多数的公共卫生间都配备了智能马桶，具有清洗、吹风烘干、坐圈加热、杀菌，甚至自动更换厕纸等功能。智能马桶在日本的快速发展，影响和带动了其在亚洲甚至全球的迅速普及。

相较于日本，我国智能马桶产业发展较晚，直到 20 世纪末期才逐步引入并进行自主生产。虽然 2005 年开始智能马桶产品已被部分消费者所认识，但销售市场并未启动，长期处于低迷状态。

2014 年起，我国智能马桶销量开始大幅增长，生产制造企业大量涌入，竞争日趋激烈，但市场普及率仍处于较低的水平。造成我国智能马桶产品普及率较低的主要原因是普通消费者对该类产品的认知度较低、使用体验机会较少，加之销售渠道主要集中于建材领域，这些均对智能马桶的大面积推广使用带来不利影响。

随着我国经济的腾飞，房地产行业呈爆发式增长，工业技术水平不断提升，人民生活水平不断提高，人们的健康环保意识不断增强，具有健康、环保、卫生、舒适特点的智能马桶产品开始为更多的消费者所接受。尤其是 2015 年我国著名经济学家吴晓波一篇题为《去日本买只马桶盖》的文章，更是意外引爆了社会各界对智能马桶产品的关注，使广大消费者认识到在厕所中也能体验到前所未有的清洁享受。

1.4　智能马桶产品发展历程

智能马桶是相对普通马桶而言的，由机电系统和程序控制，至少包含臀部清洗、下身洁净、坐圈加温、暖风烘干、自动除臭、自动冲水等功能之一的卫生洁具。智能马桶是比较现代化的产品，具有较高的科技含量，但是维修和更换核心部件的成本也较大，智能马桶实物如图1-5所示。

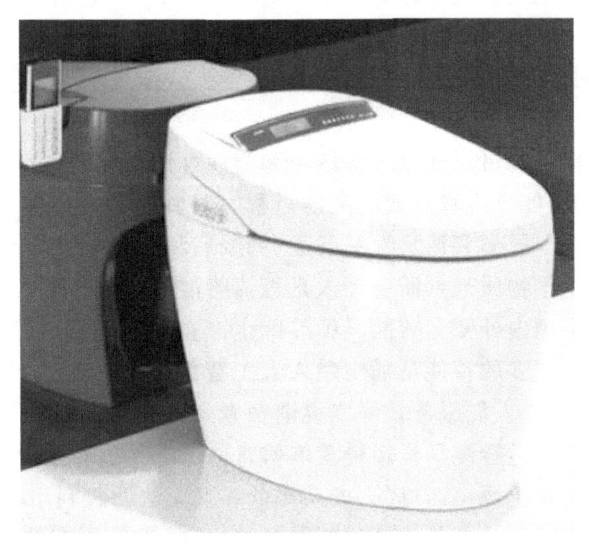

图1-5　智能马桶实物

当下科学技术日新月异，在智能马桶领域，也是一次次技术革命推动着产品的不断升级换代，随着产品的智能化持续发展，产品质量也提升到了一个新的高度。

半个多世纪以来，智能马桶已经从传统的清洗水储热式结构，发展到先进的即热式，共实现了四代技术进化：第一代是过渡时代的储热式；第二代是集成电路时代的储热式；第三代是超大规模集成电路时代的即热式；第四代是智控系统的即热式。其中，在第二代到第三代之间，还有一个过渡升级产品，即被称为2.5代智能马桶的超大规模集成电路时代的储热式。

具体来说，第一代智能马桶于20世纪60年代在美国诞生，起初清洗用水采用水箱式储热结构加热，仅仅用作辅助性的医疗设备，主要解决病患或孕产妇行动不便、不能弯腰动手、不宜冷水清洗私处等问题。

70年代，日本人在第一代医疗智能马桶的基础上，增加了坐圈自动加热、暖风烘干、自动除臭等大量辅助功能，让智能马桶进入家庭，这就是第二代智能马桶，也是储热式的。

到了21世纪初，中国出现了被称为2.5代智能马桶的储热式过渡升级产品，相对于日本流行的第二代产品，2.5代是很好的过渡性解决方案，但它解决不了水温不稳定、高能耗等储热式固有问题，再加上国内水质含杂质较多，储热式智能马桶不适合在中国市场大规模推广。

于是，即热式的第三代智能马桶应运而生了，这是智能马桶发展史上的里程碑。即热式智能马桶的出现，大大改变了人们对智能马桶的认知，彻底解决了储热式智能马桶需要储水箱的技术硬伤，更适合中国家庭使用，所以诞生之后一直是智能马桶行业的发展趋势。

第四代智控系统的即热式是智能马桶未来的发展趋势，意在实现即热水温和时间等变量的更智能化的精准控制，更好满足用户的体验。

1.5 智能马桶未来发展趋势

随着智能马桶产品的不断普及，其先进技术不断推陈出新，功能也越来越强大。主要体现在以下几方面：

(1)舒适。智能马桶包括温暖舒适的坐垫、温度合适的水，以及向浴室瓷砖和用户的脚吹暖风的暖脚器。还有一些内置扬声器、AM/FM收音机和蓝牙的款式，通过个性化设置，可以将手机里的播放列表同步到设备上。另外可以给马桶配置全身杀菌、有效除臭等功能，这也是智能马桶研制生产的一个大方向。

(2)健康。未来智能马桶可以通过分析尿液和粪便反馈人体健康水平并提供建议，避免用户收集样品的不方便和可能令人尴尬或混乱的过程。对粪便和尿液样本的医学及病理鉴定，可用于诊断胃部感染、克罗恩病和溃疡性结肠炎、糖尿病和性传播感染等。通过测试人们尿液中的血糖、酒精含量及化学物质来判断一个人是否情绪沮丧、怀孕、吸烟或吸毒。

(3)人工智能。很多国内外知名智能马桶品牌生产企业在研制或已经在生产更加智能的产品，或在不久的将来在更多的智能马桶中融入人工智能技术。这些产品可嵌入先进智能组件，实现人机对话，更好地为人们服务。可以说消费者每天的活动都从卫生间开始，也是在卫生间结束的。因此，可以通过智能马桶轻松获取信息，比如天气、新闻、交通等。

(4)材料。陶瓷是由黏土烧结而成的，成品率低并且无法回收利用，造成资源浪费，同时污染环境。目前如亚克力、昆仑晶石等一系列新材料的出现，替代原有的陶瓷底座，既符合可持续发展的理念，节约资源，又为产品的多样性增加新的活力。

(5)功能。功能范围越来越广泛，比如夜灯设计、音乐搭载，以及活性炭除臭甚至按摩功能等，越来越多的相关功能被搭载在智能马桶上，使得其再也不是一台简单的马桶。

第 2 章　智能马桶的详细介绍

2.1　智能马桶分类

智能马桶发展至今，不论是产品外观，还是内部结构均发生了翻天覆地的变化，从内到外，从上到下，从实用性到个性化，种类繁多，令人眼花缭乱，故而需要加以归纳，才能加深对智能马桶的理解。目前从不同角度，可将智能马桶进行如下分类。

2.1.1　按结构分类

按结构分类，可将智能马桶分为分体式和一体式。

我们通常所说的分体式智能马桶指的是智能马桶盖，就是放置在普通马桶陶瓷坐圈上的一个智能坐便盖。智能马桶盖的特点是安装简便、体量较轻，不管是安装或者日后维修均可做到拎盖就走，适合出租房或者不想更换普通马桶的消费者。分体式智能马桶实物如图 2－1 所示。

一体式智能马桶通过对结构进行统一设计，使得智能坐便盖与陶瓷体形成一个有机整体，外形更加美观，功能更加强大。一体式智能马桶一体式拆装，适合新装修或者想要整体更换普通马桶的消费者。一体式智能马桶实物如图 2－2 所示。

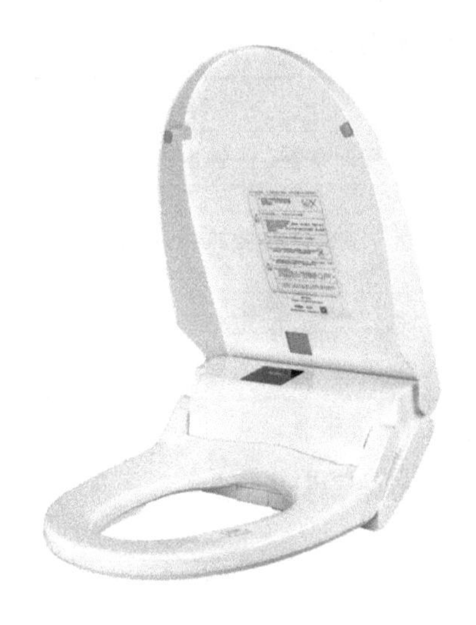

图 2－1　分体式智能马桶实物

图 2－2　一体式智能马桶实物

分体式智能马桶与一体式智能马桶的对比如表 2－1 所示。

表 2－1　分体式智能马桶与一体式智能马桶对比分析

对比项目	分体式智能马桶	一体式智能马桶
产品外观	附加在原有普通马桶陶瓷体上，美感稍逊一筹	一体化的结构设计，整体感觉更加美观
使用功能	由于结构上的先天性缺陷，只有一些基础功能	除了一些基础功能，还有很多个性化功能
安装与拆卸	圆形、方形等异形马桶无法安装到位，适配性无法达到 100％	无特殊要求
消费群体	适用于不想改动现有马桶的用户、出租使用的用户、预算有限制的用户、实用性用户	新装用户、提升生活品质的用户
市场价位	价格相对较便宜	相对于分体式智能马桶价格较高

2.1.2　按供热形式分类

按供热形式分类，可将智能马桶分为储热式、速热式和即热式。

储热式智能马桶是将水储存在水箱里，通过低功率加热器将水箱里的水进行加热、储存，待用户使用时喷出。为了保持水温恒定，水箱内部需要每隔一段时间自动加热。

即热式智能马桶无需水箱，通过置于管路中的大功率加热器对流动的活水进行加热，达到即用即热的效果。

速热式是介于储热式与即热式之间的加热技术，速热式智能马桶配有水箱，但水箱体积较储热式智能马桶小，可以在加热器预加热阶段提供热水。

这里以市场上最常使用的储热式智能马桶和即热式智能马桶为例，做一番对比分析，如表 2－2 所示。

表 2－2　储热式智能马桶与即热式智能马桶对比分析

对比项目	储热式智能马桶	即热式智能马桶
节电方面	24 小时保持恒温，更耗电	使用时加热，更省电
卫生方面	水箱储水加热，储水容易滋生细菌，反复加热会出现水垢，需要经常换水和清洗水箱	无需储水，活水加热，相对更卫生
恒温方面	水箱内的温水量有限，用完后有冷水不断加入，水温也会随之下降，无法保证长时间恒温	芯片控制，设定好温度即开即热，恒温性能较好
方便度	储热式水箱容量一般在 400～800 mL，不能长时间使用，温水用完，还需要等待几分钟再加热后使用	无限使用，比较方便

2.1.3 按冲水方式分类

按冲水方式分类，可将智能马桶分为直冲式和虹吸式。

直冲式智能马桶利用被压缩的空气形成推力，其特点为冲水速度快、冲力大、排污强、用水少、不泄漏。后排式的智能马桶大多为直冲式，且由于直冲式马桶下水管道直径大，容易冲下较大的脏污。

虹吸式智能马桶利用虹吸原理，排水管道充满水后能形成一定的水位差，冲水时排污管能产生吸力来排走脏污。虹吸式又分喷射式虹吸和漩涡式虹吸。喷射式虹吸智能马桶底部设有喷射孔，冲水时水从喷射孔喷出，先冲走排泄物，继而迅速虹吸，彻底更换存水。它的冲力效果很好，内壁干净程度一般，存水十分清洁，略有噪声。漩涡式虹吸智能马桶底部在排水口侧有出水孔，冲水时产生旋转的涡流，能彻底洗净内壁，同时涡流加强虹吸作用，冲力效果较好，静音效果良好。但因为排水口径小，较易堵塞。

不管哪种冲水方式，首要因素是下通的管道，如果管道带有U形存水弯，就选择直冲式的，如果没有存水弯，可以选用虹吸式。市场上的马桶冲水原理基本是直冲式和虹吸式两大种类，它们的冲水方式如图2-3所示，可见直冲管道直径比较大，弧度小；虹吸管道直径比较小，弧度大。

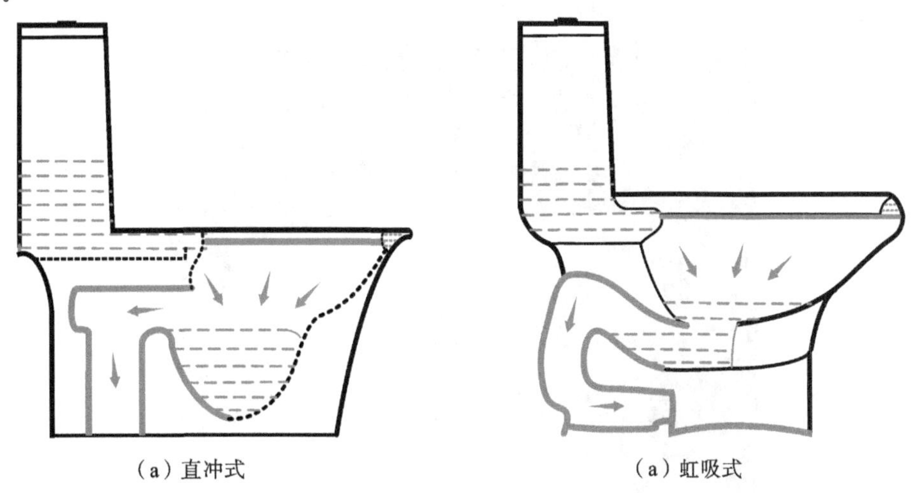

（a）直冲式　　（a）虹吸式

图2-3　两类马桶的冲水方式

直冲式智能马桶与虹吸式智能马桶的对比如表2-3所示。

表2-3　直冲式智能马桶与虹吸式智能马桶对比分析

对比项目	直冲式智能马桶	虹吸式智能马桶
冲水效果	管路简单、路径短、管颈粗，利用水的重力加速度可轻松把秽物冲洗干净，不易造成堵塞，但易产生异味	管颈细长，冲水时水面很高，秽物随着水往下走，水封高，不易反味
冲水噪声	使用水流瞬间的强大能量冲掉秽物，水流冲击管壁的声音比较大，冲水的声音比较大	采用的是吸入式的排污方式，水流的冲击声音非常小，因此冲水声音特别小，被称为静音马桶

续表

对比项目	直冲式智能马桶	虹吸式智能马桶
节水效果	利用水的重力加速度冲掉秽物，每次用水量较少	设计结构决定了需要稍多的水存留在返水湾中才能隔绝异味，用水量较直冲式要相对高一点
市场价位	直冲式马桶价格相对较便宜	相对于直冲式马桶价格较高
适合户型	直冲式马桶相对来说较“瘦高”，是卫生间面积比较宝贵的小户型的首选	虹吸式马桶的“体型”较“矮胖”，较适合卫生间面积较大的户型

2.1.4 按排污方式分类

按排污方式分类，智能马桶可分为地排式和墙排式。

地排式是我们最为常见的智能马桶类型，排水方式是向下的，通过预埋在地面的排水管道将污物排出。

墙排式也叫壁挂式、后排式或横排式，其排污口在墙壁上，被欧美国家普遍采用。墙排式智能马桶背后要砌假墙，管线全部封在假墙中。墙排式智能马桶实物如图 2－4 所示。

图 2－4　墙排式智能马桶实物

两者最大的区别是排水管道和水箱的安装方式不同，墙排式智能马桶直接悬挂在墙面上，其排污口中心离地面的高度一般在 18 cm，合理地利用了墙面的空间，占地面积小，节省了卫生间的空间。地排式智能马桶直接放置在地面上，采用传统排水方式，下水道的中心到墙面的距离有 20 cm、30 cm、40 cm 三种坑距，不用预埋水箱。两者之间的对比如表 2－4 所示。

表2-4　地排式智能马桶与墙排式智能马桶对比分析

对比项目	地排式马桶	墙排式马桶
空间的利用率	直接放置于地面上的，会占据一定面积，从而造成卫生间的拥挤	悬挂于墙面上的，占地面积较小，从而间接地节省了卫生间空间
噪声	地排若没有安装好管道，那么管道内噪声是很大的	采用入墙式安装，可以有效地阻隔冲水时的噪声，噪声比较小
日常	位于地面，存在清洁死角	位于墙面，与地面有一段距离，清洁较为方便
后期维修	维修较为简单	维修较为麻烦，若要维修，可能需要将墙面凿开

2.2　智能马桶关键零部件

从智能马桶的整个产品架构来说，可分为底座组件、水路组件、辅助组件、电路组件等四大部分。本章先介绍前三部分内容，电路组件部分会在后续章节再做详细介绍。智能马桶典型结构如图2-5所示。

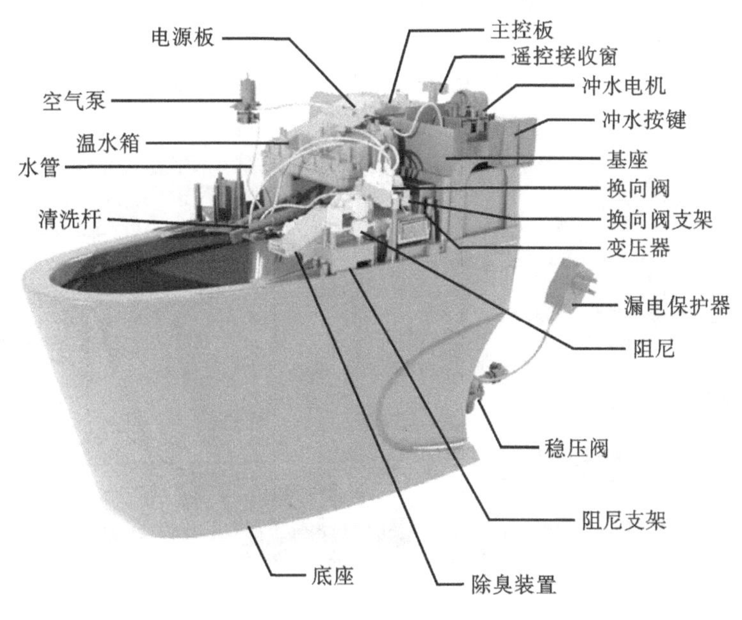

图2-5　典型智能马桶结构图

2.2.1　底座组件

底座是整个智能马桶结构的主体框架部分，目前基本都是陶瓷材质的，称为陶瓷体，陶瓷体是由黏土或其他无机物质经混炼、成型、高温烧制而成的，吸水率应不大于0.5%，它的作用主要是对排泄物进行冲排。陶瓷体实物如图2-6所示。

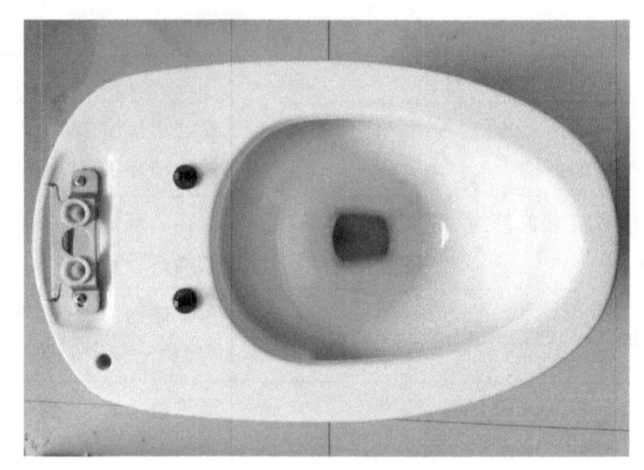

图 2-6　陶瓷体实物

2.2.2　水路组件

水路组件主要由稳压阀组件、流量计、即热组件、清洗组件、空气泵、换向阀组件和自动放水装置组成。下面对各组成部分作具体解析。

1. 稳压阀组件

稳压阀组件由铜连接头、电磁阀和稳压阀等组成，主要用于控制智能马桶的进水开关及使用水压的恒定，保护内部部件。

铜连接头用于连接进水管与稳压阀；电磁阀控制水路的开关；稳压阀对过高的水压进行减压处理，使水输出压力保持稳定。稳压阀实物如图 2-7 所示。

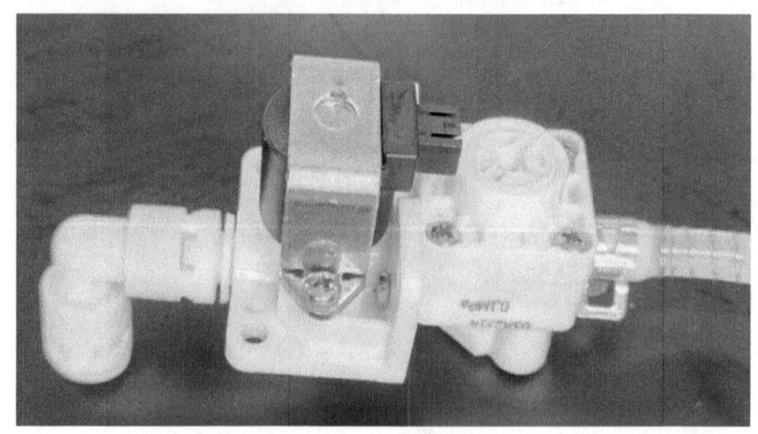

图 2-7　稳压阀实物

2. 流量计

流量计主要用于监控流量，并将结果以脉冲形式传送给微控制单元(MCU)，MCU 再根据不同的流量控制即热组件，以相应功率对水进行加热。流量计实物如图 2-8 所示。

3. 即热组件

目前市场上的智能马桶加热方式以即热式为主。即热式加热器组件主要由陶瓷加热管、温控开关、温度传感器、水位开关和即热本体等组成。其工作原理是当即热信号板接收到电脑

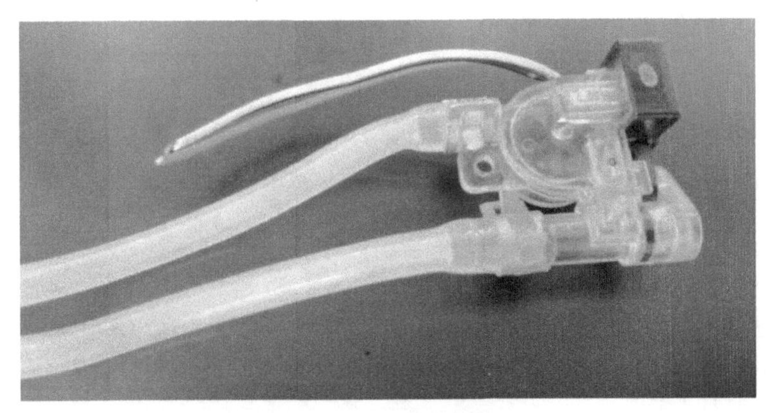

图2-8　流量计实物

主控板发出的加热指令后，控制可控硅板给陶瓷加热管供电，对冷水进行加热使之达到设定的温度，并对水温进行控制，直到即热信号板收到停止加热指令后才停止工作。其中，陶瓷加热管用于对水加热，其最大功率控制在1500 W左右；温度传感器检测水温并传送给MCU；水位开关用于防止加热管干烧；温控开关的作用是，当超过一定温度如55 ℃时断开加热管的供电，防止水温过高造成的烫伤。

4. 清洗组件

清洗组件是智能马桶的重要组成部分，是用于清洁人体关键部位的出水装置。清洗组件主要由电机、齿轮组和喷头组等组成。其工作原理是清洗组件接收主控制板的启动信号，通过步进电机伸出喷管，电机带动齿轮组通过与喷管组件中的齿条啮合，使喷管组件做往返运动，主控制板再控制电磁阀喷出一定压力的热水，从而实现各种清洗功能。

清洗组件主要有以下几种工作方式：①臀部洗净，通称臀洗，臀部清洗专用喷嘴喷出温水，充分清洗臀部；②女性洗净，通称妇洗，专为女性日常卫生而设计，由女性专用喷嘴喷出温水，防止细菌感染；③洗净位置调节，使用者无需挪动身体，可根据体型向前向后调节洗净位置；④移动清洗，清洗时喷嘴前后往返移动，扩大清洗范围，增强清洗效果；⑤按摩，清洗水压有节律变化，起到按摩作用，促进血液循环。

5. 空气泵

空气泵的作用是给换向阀提供压缩空气，使水与空气混合在一起，从而增加清洗力度，提高清洗洁净度。空气泵是选配部件，常规可以通过臀洗或妇洗喷水的声音来判断，喷水时发出“吱吱”声就说明装有空气泵，反之则没有。空气泵实物如图2-9所示。

6. 换向阀组件

换向阀主要有两个作用：一是切换臀洗与妇洗功能，使水路与空气混合；二是控制臀洗或妇洗的流量。该器件的优劣直接影响功能切换和流量，是一个精度要求较高的重要组件。换向阀实物如图2-10所示。

7. 自动放水装置

自动放水装置作用是，控制智能马桶自动放水，使马桶内侧保持干净。其主要工作流程为，人体离开坐圈感应器若干秒后，MCU发出指令，开启冲水阀，从而启动自动放水。

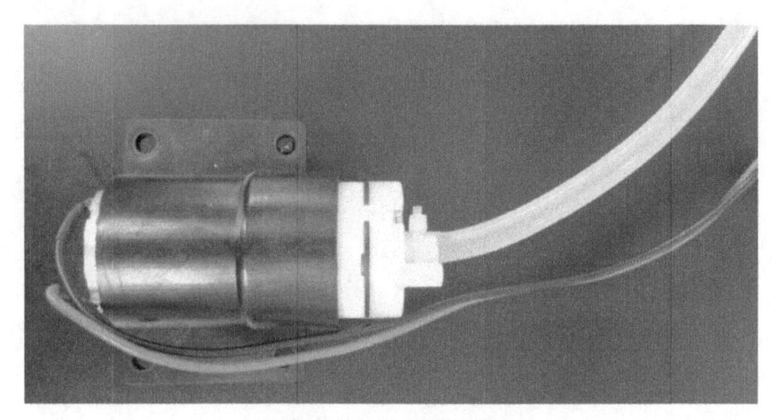

图 2-9 空气泵实物

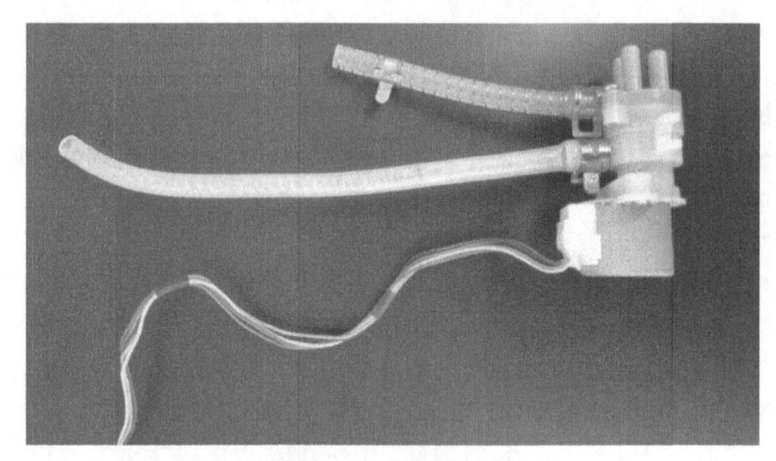

图 2-10 换向阀实物

2.2.3 辅助组件

辅助组件主要由坐圈组件、烘干组件、齿轮箱组件、除臭组件、自动翻盖组件和阻尼装置组成。下面对各组成部分作具体介绍。

1. 坐圈组件

坐圈组件的作用是使坐圈表面保持一定温度，其主要由坐圈上下壳、铝箔加热器、座温传感器、电容式传感器、过温保护系统组成，坐圈组件实物如图 2-11 所示。其主要工作流程为，由座温传感器实时检测坐圈表面温度并反馈回 MCU，MCU 与设定的座温值比较，确定是否对加热装置供电。

座温传感器采用电容式传感器，其根据人体静电感应，识别人体是否与坐圈表面接触，用于保证在没有感应到人坐上之前，无法启动其他功能，不必担心错按开关造成的危险。

过温保护系统采用软件保护与硬件保护相结合。当座温超过限值温度后，软件保护将强制 MCU 对加热装置断电；硬件保护是将不可恢复熔断器固定在铝箔加热装置表面，当温度超过限值温度后，不可恢复熔断器自动断开，停止供电，需排除故障后，更换加热装置。

2. 烘干组件

烘干组件主要由风机、云母加热器、温度传感器和风道盖组成。其主要功能是，通过对云

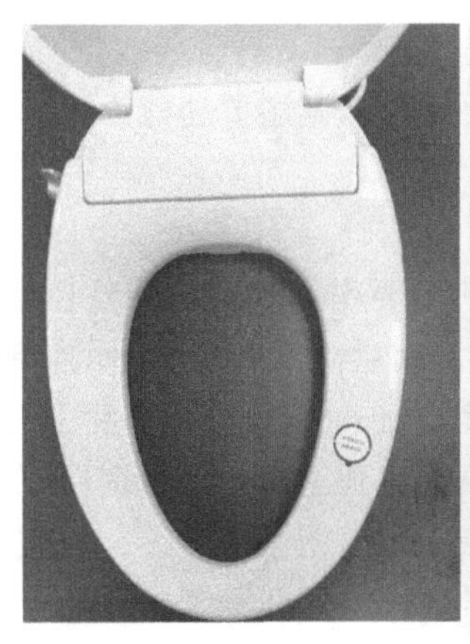
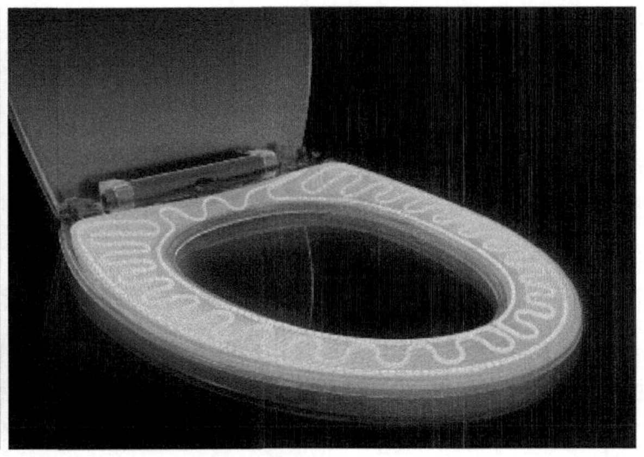

图 2-11　坐圈组件实物

母加热器通电产生热量，利用风机产生热风，并通过温度传感器与 MCU 的实时温度调节来保持风温的恒定。

3. 齿轮箱组件

齿轮箱组件由直流电机、蜗杆、上盖齿轮、三层齿轮、上盖轴、双联齿轮限位器和斜齿轮等组成。其主要功能是实现坐圈与坐盖的开合。

4. 除臭组件

除臭组件主要由除臭电机、除臭剂组成，其中除臭剂典型成分为活性炭加化学触媒，实现物理吸附和化学反应的共同作用。除臭组件实物如图 2-12 所示。

除臭组件的主要作用为，产生触媒反应，集中过滤和净化马桶与卫生间内的异味，使室内空气清新自然。其主要工作流程为，除臭电机通过固定风道将坐便器内异味气体吸附，经过除臭剂变成无味气体排到空气中。

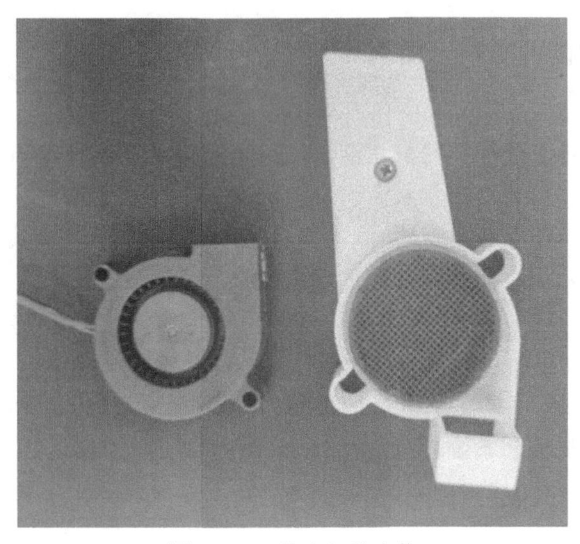

图 2-12　除臭组件实物

5. 自动翻盖组件

自动翻盖组件主要由翻盖电机、马桶上盖、人体感应部件组成，其主要功能为，当人体靠近智能马桶时，智能马桶的上盖将自动打开。

6. 阻尼装置

阻尼装置主要由阻尼器、阻尼外套、阻尼固定座组成，其主要作用是在座圈及座盖均匀缓慢下降着落时没有碰撞声。阻尼装置实物如图 2 - 13 所示。其主要工作流程为，座圈或座盖下落时转动阻尼外套，带动阻尼器。阻尼器内部充满高密度硅油，内有刮片，刮片上有小孔可以流通硅油，向下转动时刮片抵住小孔，将硅油隔开，通过限流达到座圈或座盖缓慢下落效果；向上转动时，刮片上抬，内部硅油畅通，座圈或座盖轻松上抬。

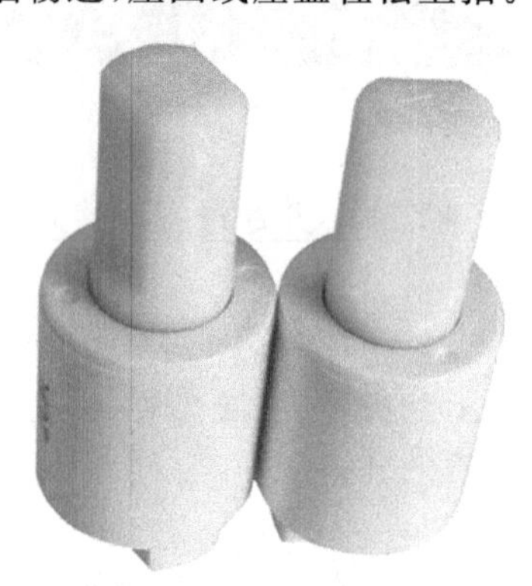

图 2 - 13 阻尼装置实物

2.3 智能马桶的功能

2.3.1 三大主要功能

1. 清洁护理功能

近几年来，智能马桶企业根据需求在清洗水路上进行了深度开发和研究，开发出由电气驱动控制的多种形态水流(如螺旋形状水流、气水断续增压式水流等)。不同形态水流击打人体表面，带来不同的体验感受。目前，该功能主要通过喷枪水道、喷嘴角度、喷洗力度、喷射形态来满足使用者的多种需求，进而达到良好的洗净效果。

清洁性能是智能马桶产品的主要使用功能之一，直接关系到产品的使用效果和设计方向。清洁性能主要是利用电能加热后的水，来清洗人体表面残余排泄物。清洗组件实物如图 2 - 14 所示，由两大系统组成：一是出水流量的控制系统，主要由进水电磁阀、管路、分配器、清洗组件等组成；二是水加热控制系统，主要由加热元件、温控器、控制电路组成，通过上述器件组合完成对智能马桶水温度的控制。

2. 吹风干燥功能

吹风干燥功能主要是在智能马桶完成清洁功能后，通过加热的风对人体皮肤完成干燥的过程。吹风干燥功能的组成器件通常有吹风风机、加热元件、温度控制系统和风道。吹风干燥组件实物如图 2 - 15 所示。产品主要使用电控定位多向或双向吹风和大功率速热吹风来达到

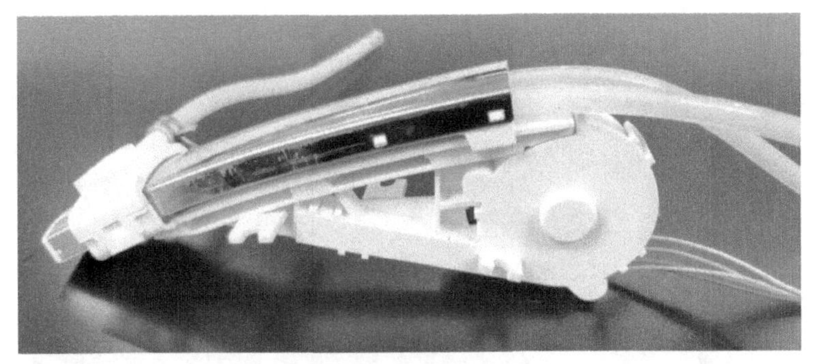

图 2-14　清洗组件实物

烘干效果。该组件可利用风管将暖风定向输送到指定位置，定点烘干指定部位，也可利用双出风口大风量整体送风至指定面积烘干，还可利用单风道大功率完成人体皮肤干燥。通过对该功能的分析，如何实现良好的吹风干燥效果、较低的吹风噪声是行业研发的重点和难点。

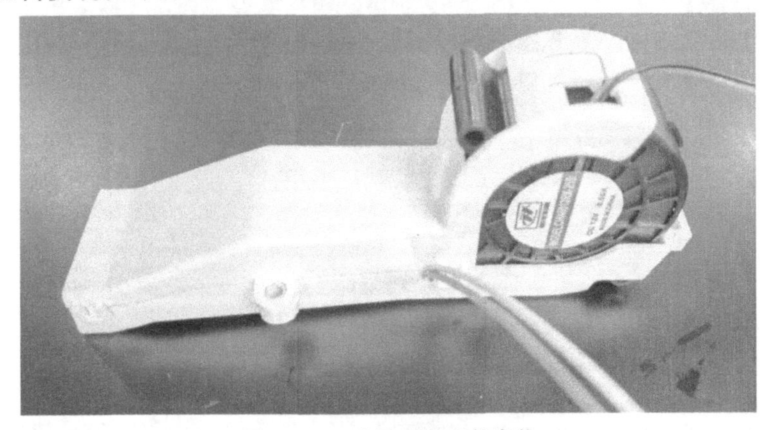

图 2-15　吹风干燥组件实物

3. 坐圈加热功能

坐圈加热功能主要是利用加热元件将电能转化为热能，通过导热材料将热能传递到与人体接触的坐便器表面。完成坐圈加热功能的器件有加热元件、导热材料、温度控制系统和坐圈等。其主要应用技术有保温技术和迅速加热技术，现在通常使用电热丝均匀加热坐圈。其中，比较突出的技术是铝膜和优质电热丝均匀高密度分布，使坐圈达到稳定均衡、迅速加温的效果。坐圈加热内部结构如图 2-16 所示。

目前，实现坐圈加热功能常用的方法是将固定有电热丝的铝箔粘贴在坐圈结构内部，通过热能的传递实现坐便器表面温度的变化。通过对产品内部结构的分析可知，电热丝布线的密度和均匀性将直接影响坐圈表面温度。铝箔加热器实物如图 2-17 所示。

在寒冷的冬天，坐圈加热功能大大改善了使用者的如厕体验，该功能是消费者购买智能马桶产品的重要原因之一，是智能马桶的核心使用功能。

2.3.2　附加功能

近年来，随着国内经济的快速发展，国民的生活水平不断提高，大家的消费理念发生了根本的变化，消费者购买产品也从原来的“能用”发展到现在的“好用”，健康理念越来越受到了国

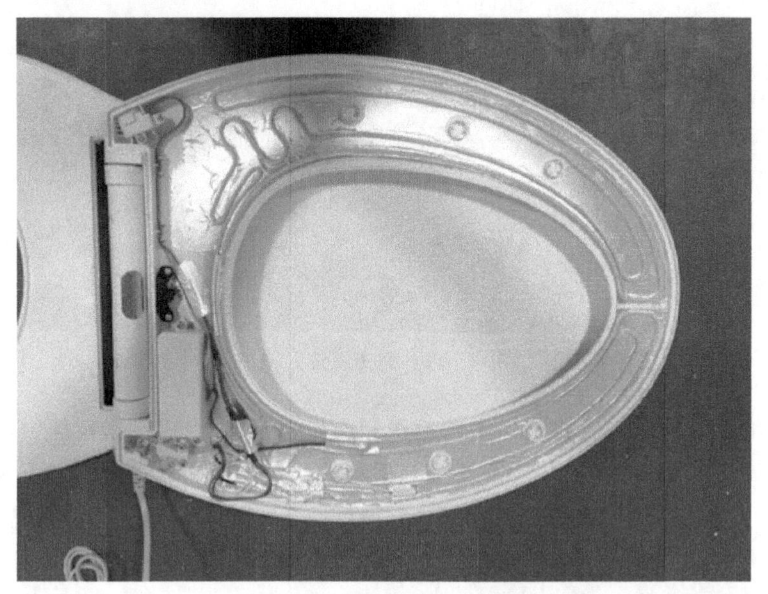

图 2-16　坐圈加热内部结构

图 2-17　铝箔加热器实物

内消费者的关注。智能马桶的未来发展方向主要集中在以下几个方面。

1. 抗菌除菌方向

2020 年初新型冠状病毒感染的肺炎疫情暴发以来，人民群众的健康意识空前高涨。目前，智能马桶产业正处于高质量发展的重要阶段，在消费需求个性化、多元化及消费升级的驱动下，智能马桶产业“健康功能”的发展将成为整个产业升级的重要引擎。针对用户担忧喷嘴反复使用存在污染风险，紫外线杀菌、抗菌银离子材料、喷嘴自洁等方案将会纷纷面世；针对用户担忧的卫生间潮湿环境导致的坐圈细菌滋生问题，抗菌坐圈等也将会不断被应用。

2. 除异味方向

卫生间散发出的异味气体主要有硫化氢、氨等，这些气体不仅有臭味，有的还有较强的毒性。目前，家庭普遍采用化工合成的空气清新剂等产品除异味，此方法只是用一种味道掩盖了另外一种味道，暂时麻痹了人的嗅觉，不能从根源上去除异味。由于卫生间体积小，长期使用这种化学试剂，在人体吸入后可能会诱发哮喘、过敏等呼吸道疾病。随着科技的进步，智能马桶作为卫生间的重要组成部分，其除异味功能也将逐渐得到消费者的依赖和推荐。

3. 大健康方向

智能马桶起源于美国，最早用于医疗保健，开发之初就是为了治疗痔疮。在家庭生活中由于老年人如厕不方便，普遍存在个人护理卫生难等问题。而且近年来中国大健康产业快速发展，大健康方面也是消费者特别关注的一个趋势。目前，部分厂家开发的智能马桶可以实现大小便常规、消化道肿瘤等二十多项指标的健康检测，但是相关的大数据管理及智慧医疗服务平台等拓展功能的搭建也需要进一步跟进。

2.4 智能马桶相关标准体系

2.4.1 安全标准

我国智能马桶产品的电器安全执行的是 GB 4706.53—2008《家用和类似用途电器安全坐便器的特殊要求》和 GB 4706.1—2005《家用和类似用途电器安全第 1 部分：通用要求》，这两项标准分别等同于 IEC 60335－2－84：2005(Ed 2.1)《家用和类似用途电器的安全第 2－84 部分：坐便器的特殊要求》和 IEC 60335－1：2004(Ed4.1)《家用和类似用途电器安全第 1 部分：通用要求》。

2.4.2 性能标准

国内常见的智能马桶性能检测标准有 GB 38448—2019《智能坐便器能效水效限定值及等级》、GB/T 6952—2015《卫生陶瓷》、GB/T 34549—2017《卫生洁具智能坐便器》、中国建筑卫生陶瓷协会团体标准 T/CBMF 15—2019/T/CBCSA 15—2019《智能坐便器》、GB/T 23131—2019《家用和类似用途电坐便器便座》、浙江制造团体标准 T/ZZB 0147—2022《智能坐便器》等，上述标准也常用于各级部门组织的质量比对等。

结合安全标准与性能标准，汇总当前国内智能马桶相关标准，统计情况如表 2－5 所示。

表 2－5 国内智能马桶相关标准情况

序号	标准编号和名称	采标情况
1	GB 4706.1—2005《家用和类似用途电器的安全第 1 部分：通用要求》	等同采用 IEC 60335－1：2004(Ed 4.1)
2	GB 4706.53—2008《家用和类似用途电器的安全坐便器的特殊要求》	等同采用 IEC 60335－2－84：2005(Ed 2.0)
3	GB 21551.1—2008《家用和类似用途电器的抗菌、除菌、净化功能通则》	无
4	GB 21551.2—2010《家用和类似用途电器的抗菌、除菌、净化功能抗菌材料的特殊要求》	无
5	GB/T 23131—2019《家用和类似用途电坐便器便座》	无
6	GB/T 34549—2017《卫生洁具智能坐便器》	无

续表

序号	标准编号和名称	采标情况
7	JG/T 285—2010《坐便器洁身器》	无
8	GB/T 6952－2015《卫生陶瓷》	无
9	T/CBMF 15—2019/T/CBCSA 15－2019《智能坐便器》	无
10	T/ZZB 0147—2022《智能坐便器》	无

第3章　电磁兼容基本概念

3.1　电磁兼容定义

EMC(Electromagnetic Compatibility)，直译为“电磁兼容性”，指设备或系统的性能指标；也可译为“电磁兼容”，指一门电磁兼容学科。

国际电工委员会(IEC)标准对电磁兼容的定义为，系统或设备在所处的电磁环境中能正常工作，同时不会对其他系统和设备造成干扰。国家标准GB/T 4365—2003《电工术语电磁兼容》对电磁兼容的定义为“设备或系统在其电磁环境中能正常工作且不对该环境中任何事物构成不能承受的电磁骚扰的能力。”另外，还有一种较为广泛的定义：“电磁兼容是研究在有限的空间、有限的时间、有限的频谱资源条件下，各种用电设备(分系统、系统；广义的还包括生物体)可以共存并不致引起降级的一门科学。”电磁兼容包括电磁发射(Electromagnetic Interference，EMI)和电磁抗扰度(Electromagnetic Susceptibility，EMS)两部分，如图3-1所示。

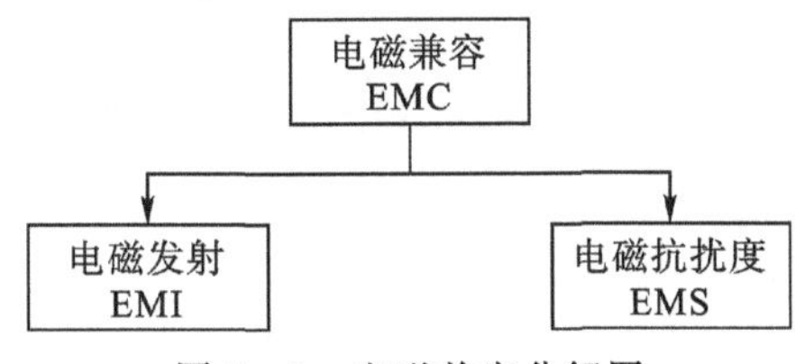

图3-1　电磁兼容分解图

3.1.1　电磁发射

电磁发射即从源向外发出电磁能的现象，处在一定环境中的设备或系统，在正常运行时，不应产生超过相应标准所要求的电磁能量。针对不同安装和运行环境、产品类别和其他特定要求等，会制定出对应的标准。在很多国家的法规和标准中往往规定，测得的电磁发射电平不能超过其对应的限值，该要求具有普遍性。

在电磁兼容范畴，主要研究以下几种电磁发射：

(1)以设备电源线的传导为途径向外产生的传导骚扰。

(2)以设备信号线、通信线、控制线的传导为途径向外产生的传导骚扰。

(3)通过空间电磁场向外产生的辐射骚扰。

(4)接入电网的设备导致电源波形失真而产生的谐波。

(5)接入电网的设备在启停过程中对电网造成的电压波动和闪烁等。

3.1.2 电磁抗扰度

电磁抗扰度即处在一定环境中的设备或系统，在正常运行时，设备或系统能承受相应标准规定范围内的电磁能量干扰，又称电磁敏感性。评价一个设备的电磁抗扰度，衡量标准往往不是单一的，而是有多种评价等级。这主要取决于设备的重要性、使用场合及对周围的人和物的影响作用等。

在电磁兼容范畴，主要研究以下几种电磁抗扰度：

(1)抵御来自以设备电源线的传导为途径的干扰。

(2)抵御来自以设备信号线、通信线、控制线的传导为途径对通信、控制等部分造成的干扰。

(3)抵御来自空间电磁场的射频辐射干扰。

(4)抵御由静电放电产生的电磁干扰等。

3.2 电磁兼容三要素

电磁兼容的三要素是指电磁骚扰源、耦合途径、敏感设备。在遇到电磁兼容问题时，要从这三个因素入手，消除其中某一个因素，就能解决电磁兼容问题。电磁兼容技术就是通过研究每个要素的特点，提出消除每个要素的技术手段，以及这些技术手段在实际工程中的实现方法，如图 3-2 所示。

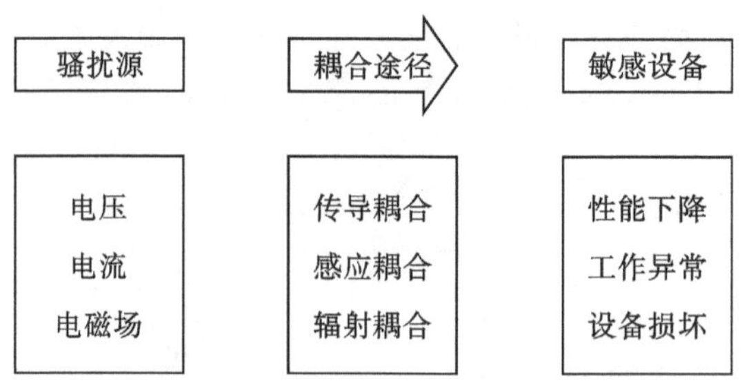

图 3-2　电磁兼容三要素示例图

3.2.1 电磁骚扰源

任何形式的自然或电能装置所发射的电磁能量，能使共享同一环境的人或其他生物受到伤害，或使其他设备、分系统或系统发生电磁危害，导致性能降低或失效，即称为电磁骚扰源。

1. 电磁骚扰源的特性

(1)规定带宽条件下的发射电平。

(2)按照电磁骚扰能量的频率分布特性，可以确定其频谱宽度。连续波骚扰中，交流声骚扰的频谱宽度最窄；而脉冲骚扰中，单位脉冲函数的频谱宽度最宽。

(3)波形电磁骚扰有各种不同的波形，波形是决定电磁骚扰频宽度的一个重要因素。

(4)电磁骚扰场强或功率随时间的分布与电磁骚扰的出现率有关，按电磁骚扰的出现率可分为周期性骚扰、非周期性骚扰和随机骚扰三种类型。

(5)辐射骚扰的极化特性，极化特性指在空间给定点上，骚扰场强矢量的方向随时间变化的特性，这取决于天线的极化特性。当骚扰源天线和敏感设备天线极化特性相同时，辐射骚扰在敏感设备输入端产生的感应电压最强。

(6)辐射骚扰的方向特性，骚扰源朝空间各个方向辐射电磁骚扰，或敏感设备接收来自各个方向的电磁骚扰的能力是不同的，描述这种辐射能力或接收能力的参数称为方向特性。

(7)天线有效面积，这是表征敏感设备接收骚扰场强能力的参数，显然，天线有效面积越大，敏感设备接收电磁骚扰的能力也越强。

2. 电磁骚扰源的分类

(1)按电磁骚扰源分类，可分为自然骚扰源、人为骚扰源和瞬态骚扰源三类，如图3-3所示。

①自然骚扰源以其不可控制为特点，自然骚扰源根据其不同的起因和物理性质可分为电子噪声、天电噪声、地球外噪声以及沉积静电等。

②人为骚扰源以其可知并且可控为特点，人为骚扰源可分为无线电骚扰和非无线电骚扰两大类。

③工业、科学和医用设备(ISM)，车辆、机动船和火花点火发动机装置，家用电器、便携式电动工具和类似电器、荧光灯和照明装置，以及信息技术设备是主要的瞬态骚扰源。

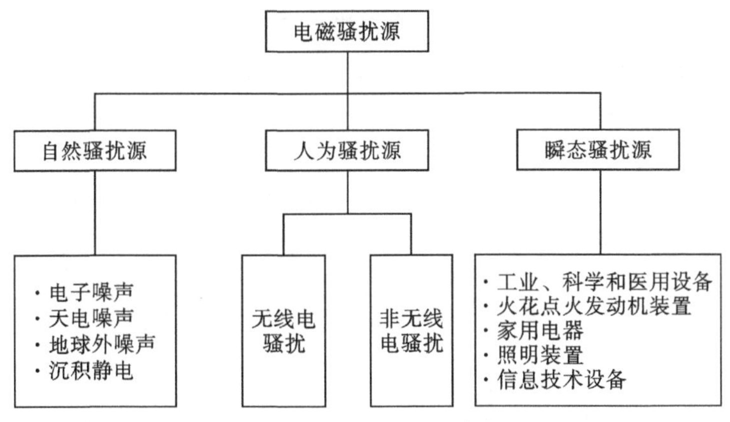

图3-3 电磁骚扰源分类

(2)按电磁骚扰源的性质分类，分为脉冲骚扰源和平滑骚扰源两类。

(3)按电磁骚扰源作用时间分类，可分为连续骚扰源、间歇骚扰源和瞬变骚扰源。

①连续骚扰源是长期起作用的电磁骚扰源。

②间歇骚扰源是短期起作用的电磁骚扰源。

③瞬变骚扰源作用时间很短，而且为非周期性的电磁骚扰源。

(4)按电磁骚扰源功能分类，分为功能性骚扰源和非功能性骚扰源。

①功能性骚扰源是指某系统正常工作的同时，又直接构成对其他系统的骚扰，如无线电台，工业、科学、医疗设备等产生的骚扰。

②非功能性骚扰源指某系统正常工作时的“副产品”，如大功率开关、继电器等产生的骚扰。

(5)按电磁骚扰源传播的途径，分为辐射骚扰源和传导骚扰源，或两者的组合。

3.2.2 耦合途径

耦合途径，即传输电磁骚扰的通路或媒介。耦合途径可分为以下几个大类。

1. 传导耦合

导线经过有干扰的环境，即拾取干扰信号并经导线传导到电路而造成对电路的干扰，称为传导耦合，或者叫直接耦合。

在低频的时候，由于电源线、接地导体、电缆的屏蔽层呈现低阻抗，故电流注入这些导体时容易传播，当噪声传导到其他敏感电路的时候，就能产生干扰作用。在高频的时候，导体的电感和电容将不容忽视，感抗随着频率的增加而增加，容抗随着频率的增加而减小。

解决方法是防止导线的感应噪声，即采用适当的屏蔽将骚扰和导线分离，或者在骚扰进入电路之前，用滤波的方法将其从导线中除去。

2. 共阻抗耦合

当两个电路的电流经过一个公共阻抗时，一个电路的电流在该公共阻抗上形成的电压就会影响到另一个电路。

3. 感应耦合

(1)电感应耦合。干扰电路的端口电压会干扰回路中的电荷分布，这些电荷产生的电场的一部分会被敏感电路拾取，当电场随时间变化，敏感回路中的时变感应电荷就会在回路中形成感应电流，这叫做电感应容性耦合。解决方法是减小敏感电路的电阻值，改变导线本身的方向性屏蔽或者分隔来实现。

(2)磁感应耦合。干扰回路中的电流产生的磁通密度的一部分会被其他回路拾取，当磁通密度随时间变化时就会在敏感回路中出现感应电压，这种回路之间的耦合叫做磁感应耦合，主要形式为线圈和变压器耦合、平行双线间的耦合等。铁心损耗常常使得变压器的作用类似于抑制高频干扰的低通滤波器。平行线间的耦合是磁感应耦合的主要形式，要想减少干扰，必须尽量减少两导线之间的互感。

4. 辐射耦合

辐射源向自由空间传播电磁波，感应电路的两根导线就像天线一样，接收电磁波，形成干扰耦合。干扰源距离敏感电路比较近的时候，如果辐射源有低电压大电流，则磁场起主要作用；如果干扰源有高电压小电流，则电场起主要作用。对于辐射形成的干扰，主要采用屏蔽技术来抑制干扰。

3.2.3 敏感设备

敏感设备指当受到电磁骚扰源所发射的电磁量的作用时，会发生电磁危害，导致性能降低或失效的器件、设备、分系统或系统。许多器件、设备、分系统或系统可以既是电磁骚扰源又是敏感设备。

通过以上介绍可以看到，电磁骚扰源是以任何形式散发，能够干扰工作的电磁能量。而耦合途径则是能够传输电磁骚扰的媒介。敏感设备则是当电磁骚扰发生时，受到伤害的设备等。为了实现电磁兼容，必须从上面三个基本要素出发，运用技术和组织两方面措施。所谓技术措施，就是从分析电磁骚扰源、耦合途径和敏感设备着手，采取有效的技术手段，抑制骚扰源、消除或减弱骚扰的耦合、降低敏感设备对骚扰的响应或增加电磁敏感性电平；所谓组织措施，就是制定和遵循一套完整的标准和规范，进行合理的频谱分配，控制与管理频谱的使用，依据频率、工作时间、天线方向性等规定工作方式，分析电磁环境并选择布置地域，进行电磁兼容性管理等。

3.2.4 电磁兼容现象及影响

电磁干扰的社会化趋势，给人民生活带来许多不便。例如，武汉天河机场未启用前，从南湖机场起飞或降落的飞机会对下面的电视机产生严重干扰。飞机起降时地处飞机下面的武昌城区会出现电视图像抖动现象，几万户居民长期遭受电磁干扰之苦；又如新建居民小区或花园楼房安装了电子防盗报警系统，该系统开关电源产生的电磁干扰使附近休闲在家的人无法收听收音机。

使用大功率无绳电话、手机、家用游戏机等能发射电磁波的电子装置时，电视屏幕上会出现讨厌的明暗条纹、雪花、闪烁和抖动；病房内使用手机很容易引起电子心脏起搏器停搏、输液泵电子开关误动作、病人输液中断等，直接危及病人的安全；根据国外文献报道，冬天使用电热毯的孕妇因受到电热毯的电磁辐射容易造成流产。

3.3 电磁兼容起源及其发展

从对电磁现象影响的描述可以看出，电磁环境的恶化，会导致多方面的后果。开展电磁兼容研究，加强电磁兼容管理，降低电磁骚扰，避免电磁干扰，是涉及社会生活、环境保护等的重要问题。

为避免电磁干扰现象带来的危害，各国通过市场准入制度来对电子产品的电磁兼容性能进行管制。不论是产品的研发者、生产者、制造商、销售商，还是消费者，都应对目前主要国家和地区的电磁兼容要求有所了解。

经济发达国家和地区对电磁兼容问题都较为重视，政府采取立法和认证程序来管理相关产品的电磁兼容性能，对不符合者会采取非常严厉的处罚行动。欧盟的 CE-EMC 指令和美国的 FCC 法规对世界的影响尤为深远。因为这些措施的引导，在这些国家和地区，人们对电磁兼容学科的研究也开展得较早且较为深入。

我国对相关产品的电磁兼容性能也制定了一系列强制性和推荐性标准，并通过市场监督抽查和国家强制性产品认证等措施来保证市场销售产品的电磁兼容符合性。

世界各国对于电磁兼容的管理，一般可分为两种形式：部分国家只管制电机、电子产品的电磁发射部分，如美国、中国、日本；另有部分国家在管制电磁发射的同时，增加了对电磁抗扰度的管制，如欧盟地区。下面将介绍世界各国对电磁兼容的管制要求及依据标准。

3.3.1 欧盟

欧盟对电磁兼容的管制要求是基于电磁兼容指令的，即 1989 年公布的 89/336/EEC 指令，指令是对成员国有约束力的欧共体法律。欧盟 89/336/EEC 电磁兼容指令（该指令已于 2005 年 1 月 20 日更新为 2004/108/EC 指令）要求从 1996 年开始，凡进入欧盟市场的电子、电器和相关产品，一定要符合有关的电磁兼容标准要求，并在产品上粘贴符合性标志“CE”。

根据产品的工作环境、工作特点、对受骚扰影响的风险评估等因素，电磁兼容管制分为自我声明、自我宣告、机构认证等方式。一般大多数的家用电器产品，采用自我宣告的方式。如果产品满足了电磁兼容要求，检测单位会将产品的型式试验（Type Test）报告等证明文件给厂商，此时厂商建立产品技术档案，自我宣告产品已符合相关指令，按规定做成 CE 标志，贴于适当位置。CE 标志如图 3－4 所示。

图 3－4　CE 标志

欧盟对有关产品的电磁兼容性要求，一般包括电磁发射和抗扰度两个方面的内容。欧盟所制定的电磁兼容标准，主要取自国际电工委员会（IEC）及国际无线电干扰特别委员会（CISPR）的标准。

3.3.2　美国

美国联邦通信委员会（Federal Communications Commission，FCC）在 1979 年特别制定各种产品的电磁兼容法规，法规编号从 Part 0 至 Part 100，涵盖了各种电机、电子产品。

自 1996 年 8 月起，部分产品采用通过制造商自我宣告（DOC）的方式。只要厂商的产品在 FCC 法规分类中属于 DOC 类，在产品满足了电磁兼容要求后，便可以依据检验单位提供的产品型式试验报告等证明文件，实行自我宣告。若厂商的产品在 FCC 法规分类中属于认证类产品，则厂商必须先加入 FCC 会员，在产品满足了电磁兼容要求后，便可以依据检验单位提供的产品型式试验报告等证明文件向 FCC 认可的电信认证机构（Telecommunications Certification Body，TCB）申请 FCC ID，然后按规定做成 FCC 标志，贴于产品适当位置。FCC 标志如图 3－5 所示。

图 3－5　FCC 标志

FCC 目前对有关产品的电磁兼容要求主要是电磁发射特性。FCC Part 15、Part 18、Part 68 分别是关于射频设备（含广播接收机、数字设备等）、工科医射频设备和通信设备的电磁发射的限制要求。

3.3.3　日本

日本自 1985 年起，由机械、电子等四个产业公会联合起来，成立了一个类似财团法人的团体电磁干扰控制委员会（Voluntary Control Council for Interference，VCCI），并制定出一个自愿性认证法。其中，VCCI 法规的 V－2 便是针对电磁兼容的规定。1995 年起，厂商只要加入 VCCI 会员，并每年缴纳年费，便可依检验单位提供的产品型式试验报告等证明文件，向日本 VCCI 报备登录，按规定制作 VCCI 标志，并贴于产品适当位置。日本相关认证标志如图 3－6 所示。

日本在产品的电磁兼容管理方面的法规还有电气安全法，该法规规定：对部分家电及电器产品实施 PSE 强制性安全认证，其认证也包含电磁兼容内容。电气安全法将产品分为特定电气用品和非特定电气用品，即菱形 PSE 标志和圆形 PSE 标志。常见的家用电器，如电热水器、冷藏柜、食物垃圾处理机、电动玩具等，都是其目录内的产品。

在日本，对非“电气安全法”管制的电子电器产品，可以进行自愿性 S-MARK 认证，其认证也包含电磁兼容内容。日本的电磁兼容标准有其国内的本土标准，也有参照国际无线电干扰

图 3-6 日本相关认证标志

特别委员会(CISPR)标准的 J 系列标准,只管制电磁发射部分。

3.3.4 新西兰与澳大利亚

新西兰与澳大利亚的电磁兼容管理,主要是依据 1992 年公告的无线电波法。该法于 1996 年 1 月 1 日生效,并于 1997 年 1 月 1 日起强制实施。公共目录中的产品须符合 AS/NZS 3548 电磁兼容规定。从 2001 年 11 月起,目录中的产品只要满足澳大利亚的电磁兼容管理要求,也就同时满足新西兰销售的电磁兼容要求。

澳大利亚所管制的电磁兼容架构与欧盟 CE-Marking 的电磁兼容相似,均采用符合性声明的方式。依产品标准执行且通过测试后,厂商签署自我宣告书(DOC)即可。所不同的是宣告书必须由澳大利亚境内的进口商、供货商或制造商签署。另外,澳大利亚政府还要求每一澳大利亚本地的供货商或进口商必须向其执行单位澳大利亚通信管理局(Australian Communications Authority,ACA)登录。按规定做成 C-Tick 标志,如图 3-7 所示,贴于产品适当位置。

图 3-7 C-Tick 标志

澳大利亚的电磁兼容法规目前只有对电磁发射部分的要求,其标准多参照国际电工委员会(IEC)及国际无线电干扰特别委员会(CISPR)的标准。

3.3.5 中国

为了减少电磁干扰所造成的危害,提高产品的电磁兼容性能,自 20 世纪 80 年代以来,国内开始系统地组织制定有关电磁兼容的国家标准,到目前已制定了百余个。这些标准的实施,为提高产品和系统的电磁兼容性能起到了极大的促进作用。

在 20 世纪 90 年代,对在国内市场销售的产品,如果是在国内生产的,管理方式主要有:

(1)国家或地方、行业质量管理部门组织的产品质量市场监督抽查;

(2)工业产品生产许可证制度；

(3)电磁兼容认证等。

如果是进口产品，则通过进口商品安全质量许可证制度和电磁兼容强制检验来进行管理。

在我国加入世界贸易组织(WTO)后，为符合其基本原则，也为了符合我国经济发展的需要，开始实行统一的市场准入制度管理，即《强制性产品认证管理规定》，认证标志的名称为“中国强制认证”(China Compulsory Certification，CCC)，该标志可简称为3C标志，该认证也简称为CCC认证或3C认证。3C认证标志如图3-8所示。

图3-8　3C认证标志

与此前的管理方式不同的是，3C认证首次在国内将电磁兼容的管理纳入强制认证的范畴(此前只是对六类进口商品实施电磁兼容强制检验)。凡是列入3C目录的产品，按相应的强制性认证实施规则，若包含电磁兼容检测项目，则电磁兼容检验作为3C认证的一部分内容来管理。未列入目录的产品，通过自愿认证的方式管理，但也应满足相关国家标准，并接受各级市场监督抽查。

3C认证中的电磁兼容要求主要是电磁发射方面的。国内的电磁兼容标准主要采用国家强制标准GB系列，大多数参照国际CISPR标准制定。

近年来国家有关部门对电磁兼容十分重视，电磁兼容学术组织纷纷成立，在许多单位建立或改造了电磁兼容实验室，引进较先进的电磁发射、电磁抗扰度自动测量系统和设备，在各地区及一些军工系统建立了国家级电磁兼容测量中心，已具备各种电磁兼容测量和试验的能力。

3.4 电磁兼容的研究领域

既然电磁兼容与我们的生活密切相关，各国对其有不同的管理要求，那么，我们有必要对电磁兼容进行深入研究。

电磁兼容学科包含的内容十分广泛，实用性很强。几乎所有的现代工业(包括电力、通信、交通、航天、军工、计算机、医疗等)都必须解决电磁兼容问题。电磁兼容学科涉及的理论基础包括数学、电磁场理论、天线与电波传播、电路理论、信号分析、通信理论、材料科学、生物医学等。可以说电磁兼容学科是一门尖端的综合性学科，同时又紧密地与生产、质量控制相联系。作为一门学科，电磁兼容的研究领域可以归结为五大方面，如图3-9所示。

3.4.1 电磁兼容的基本要素

1. 骚扰源特性的研究

未来发展的趋势是每个电子设备对外发出的电磁干扰都足够小，不要影响到其他的设备。

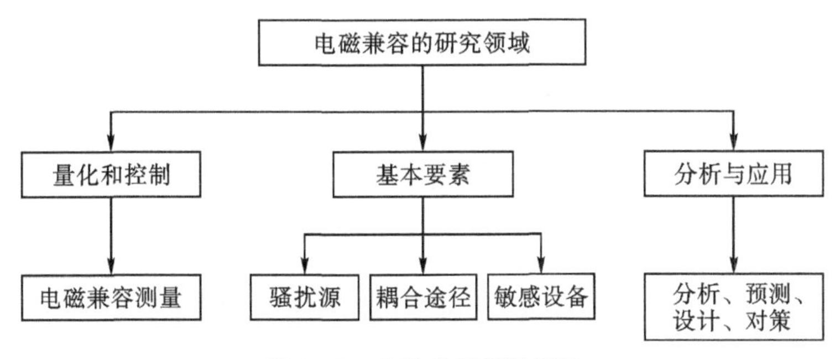

图 3-9　电磁兼容研究领域

这就体现了骚扰源特性研究的重要性，要从源头控制电磁发射，这样才能从根本上解决问题。对骚扰源本身的研究是制定标准的基础，这一研究包括无线电磁骚扰产生的机理、时域或频域特性、表征其特性的主要参数等，其最终目的是控制骚扰源的电磁发射。

2. 敏感设备的抗干扰性能

前文提到过的“系统或设备在所处的电磁环境中能正常工作”，这体现的是敏感设备的抗干扰性能研究的重要性。在电磁兼容领域中，被干扰的设备或可能受电磁骚扰影响的设备称为敏感设备。如何提高敏感设备的抗干扰性能，是电磁兼容领域中的研究问题之一。

3. 电磁骚扰的耦合途径

从电磁兼容的定义不难看出，电磁兼容现象的产生，基于三要素：骚扰源、敏感设备和耦合途径。因此，除了研究骚扰源和敏感设备之外，对电磁骚扰的耦合途径进行研究也是十分必要的，即研究电磁骚扰如何从骚扰源传播到敏感设备。这将有助于我们了解其特点，以便于采取有效的方式来切断其传播途径，从另一个角度实现电磁兼容。

电磁骚扰的传播方式，大体可分为传导发射(CE)与辐射发射(RE)。传导发射指通过导体(如电源线、信号线、控制线或其他金属体)传播电磁噪声能量的过程。辐射发射指以电磁波的形式通过空间传播电磁噪声能量的过程。

从骚扰源到敏感设备必须经过耦合途径。这一过程可以形象地画成图 3-10，其中的三个部分为电磁兼容系统的三要素。它们之间的关系可以写为

$$N \cdot T < S/M$$

式中，M 为安全裕度；N 为骚扰源；T 为耦合；S 为接收器。

在上式中，安全裕度是可以改变的。例如，某些场合可定为 6 dB，但在对电磁兼容要求更高的场合，安全裕度可以设置为更大的值。

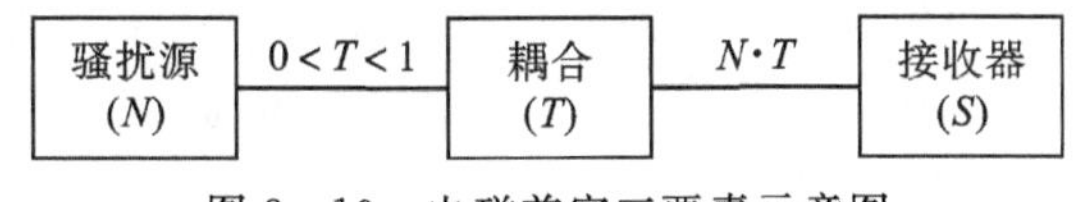

图 3-10　电磁兼容三要素示意图

3.4.2　电磁兼容测试

美国肯塔基大学的帕尔博士曾说过：“在判定最后结果方面，也许没有任何其他学科像电磁兼容那样更依赖于测试。”这说明了测试技术在电磁兼容领域中的重要性。电磁兼容测试的主要研究内容包括测试设备、测试方法、数据处理方法及测试结果的评价等。由于电磁兼容问

题的复杂性，理论分析的结果往往与实际情况相差较大，因而使得电磁兼容测试显得更为重要。电磁兼容测试可分为电磁发射测试和电磁抗扰度测试两大类别，每个大类下面又可详细划分成更为具体的测试项目，如图 3－11 所示。

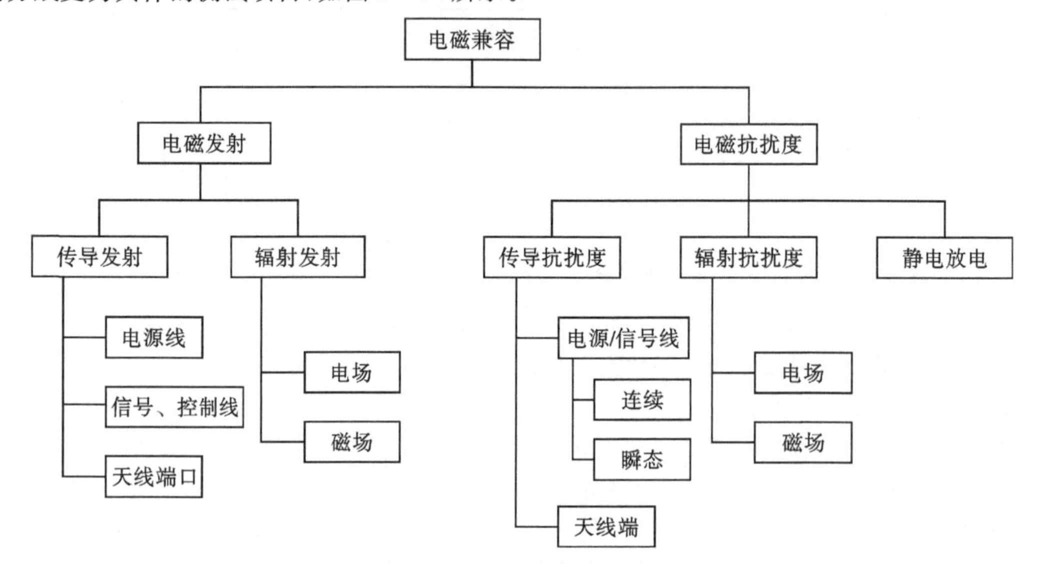

图 3－11 电磁兼容测试项目

3.4.3 电磁兼容的分析与应用

3.4.3.1 电磁兼容分析方法

为更好地提高电磁兼容性能，除了对前面提到的固有特性进行研究和测量外，还需要对其进行分析和预测，以便用更低的成本、更高的效率解决电磁兼容问题。在电磁兼容领域，解决电磁兼容问题应该从产品的研制阶段开始，并贯穿于整个产品的开发、生产全过程。这时就需要对产品进行良好的电磁兼容设计，在开发过程中进行分析、预测，确保产品成型后能够通过电磁兼容测量。如果在产品研发定型后再考虑电磁兼容问题，再进行改动就会受到元器件、空间等诸多因素的限制，会造成成本的增加，在技术和工艺上实现起来也就更有难度。下面介绍电磁兼容发展过程中的三个方法：问题解决法、规范法和系统法。

1. 问题解决法

该方法是解决电磁兼容问题的早期方法，首先按常规设计建立系统，然后再对现场实验中出现的电磁干扰问题设法予以解决。由于系统已完成安装，要解决电磁干扰问题比较困难，为了解决问题可能进行大量的拆卸，会严重影响电路的整体布局，甚至要重新设计。因此问题解决法是一种非常冒险的方法，而且这种头痛医头、脚痛医脚的方法，是不能从根本上解决电磁干扰问题的。这种方法在设计阶段会节省部分成本，但在成品阶段再解决电磁兼容问题不仅困难大，而且会花费更多的人力与财力，所以这种方法只适合电路比较简单的设备。

2. 规范法

相较于问题解决法，规范法更为合理，该方法是按现行电磁兼容标准（国家标准或军用标准）所规定的极限值来进行计算，使组成系统的每个设备或子系统均符合所规定的标准，并按标准所规定的实验设备和实验方法，核实它们与规范中规定极限值的一致性。该方法可在系

统实验前对系统的电磁兼容提供一些预见性，但也存在不少缺点，主要有

(1)标准与规范中的极限值是根据最坏情况规定的，这就可能导致设备或子系统的设计过于保守，引起过储备保护设计。

(2)规范法没有定量地考虑系统的特殊性，这就可能遗留下许多电磁兼容问题在系统实验时才能发现，并需事后解决这些问题。

(3)该方法对系统之间的电磁耦合常常不做精确考虑和定量分析。

(4)设备或子系统数据与系统性能并不是用固定的规范法联系起来的，为了符合对设备或子系统的固定要求，会导致提高成本来修改设计，但该固定要求不一定符合实际情况。

由此可见，规范法的主要缺点是既有可能过储备设计，同时谋求解决的问题又不一定是真正存在的问题。

3. 系统法

系统法是近几年兴起的一种设计方法，它在产品的初始设计阶段对每一个可能影响产品电磁兼容性的元器件、模块及线路建立数学模型，利用计算机辅助设计工具对其电磁兼容性进行分析预测和控制分配，从而为整个产品符合要求打下良好基础。

系统法是电磁兼容设计的先进方法，它集中了电磁兼容方面的研究成就，根据电磁兼容要求给出最佳工程设计的方法。系统法从设计开始就预测和分析电磁兼容性，并在系统设计、制造、组装和实验过程中不断对其电磁兼容性进行预测和分析。由于在设计阶段采取电磁兼容措施，因此可以采取电路与结构相结合的技术措施。这种方法通常在正式产品完成之前解决90%的电磁兼容问题。

无论是问题解决法、规范法还是系统法设计，其有效性都应是以最后产品或系统的实际运行情况或检验结果为准则，必要时还需要结合早期的问题解决法才能完成设计目标。

3.4.3.2 电磁兼容设计方法

在设备或系统设计的初始阶段，同时进行电磁兼容设计，把电磁兼容的大部分问题解决在设计定型之前，费用可以大大节省，效率可以大大提高，可得到最好的费效比(费用/效率)。如果等到生产阶段再去解决，不但在技术上带来很大的难度，而且会造成人力、财力和时间的极大浪费，其费效比如图3-12所示。

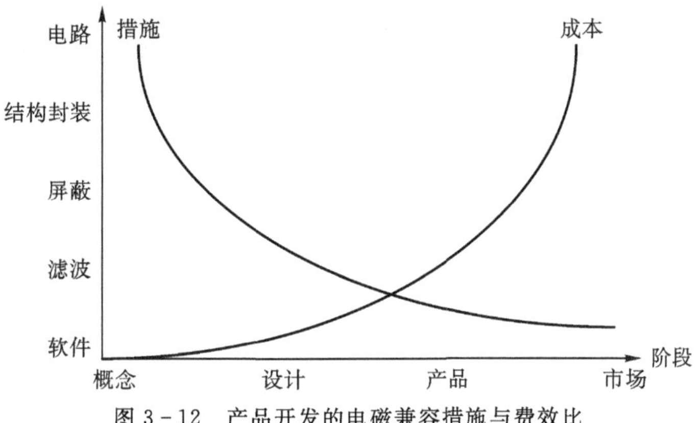

图3-12 产品开发的电磁兼容措施与费效比

电磁兼容设计的基本方法是指标分配和功能分块设计，也就是首先要根据有关的标准（国际、国家、行业、特殊标准等）把整体电磁兼容指标逐级分配到各功能块上，细化成系统级、设备级、电路级和元件级的指标。然后，按照要实现的功能和电磁兼容指标进行电磁兼容设计。例如，按电路或设备要实现的功能，骚扰源的类型，骚扰传播的渠道，以及敏感设备的特性等。

另外，诊断测量也是经常使用的手段之一，这种测量是不需要严格遵守认证测试标准和规范的测试方法，只要能找出问题加以改进即可，这样花很少的成本就能解决电磁兼容问题。诊断测量可用于设备研制的任何阶段。如果充分利用预测试系统可以快速找出干扰源和干扰途径及抗干扰的程度，就能大致估计出干扰的频率和幅度量级，而后采取相应的措施。同时，也能够区分干扰的种类，找出干扰的传播途径，以便把电磁兼容问题消灭在萌芽阶段。这样就可以避免盲目对电磁兼容测量不合格的产品进行改进，针对性就更强了。

3.4.4 电磁兼容研究的基本内容

综上所述，电磁兼容研究的基本内容包括以下几个方面：

(1)电磁骚扰特性及其传播方式的研究。人们为了有效地控制电磁骚扰，首先得摸清骚扰的特性和它的传播方式，如根据骚扰频谱分布可以了解骚扰特性是窄带的还是宽带的；根据作用的时间可以把骚扰分成连续的、间歇的或者是瞬变的；按传播方式骚扰又可分为传导、辐射、感应等几类。

(2)电磁兼容设计的研究。电磁兼容设计的研究包括两方面：一是干扰控制技术的研究；二是费效比的综合分析。干扰控制就是采用各种措施，从电路、结构、工艺和组装等方面控制电磁干扰。干扰控制技术的研究又必然促进高性能元器件、功能模块和新型防护材料的研制。所谓费效比，就是对采取的各种电磁兼容性措施进行成本和效能的分析比较。如果工程设计中既满足了高性能指标，又达到花钱最少的目的，就获得了很好的费效比。

(3)电磁兼容频谱利用的研究。无线电频谱是一个有限的资源，如何合理地利用无线电频谱，防止频谱污染，消除电磁骚扰对武器装备和人体的危害，预防电子系统之间和系统内设备间的相互干扰，已引起各国的高度重视，我国也已成立了专门的管理机构。

(4)电磁兼容规范、标准的研究。电磁兼容规范、标准是电磁兼容设计的主要依据。通过制定规范、标准来限制电子系统或设备的电磁发射，提高敏感设备的抗扰度，从而使系统和设备相互干扰的可能性大大下降，力求防患于未然。

(5)电磁兼容测试和模拟技术的研究。由于电磁环境复杂、频率范围宽广、干扰特性又各不相同，因此电磁兼容测试不但项目繁多，而且在不断地深化和扩展之中。这就要求不断改进和完善测试技术，研制适合于电磁兼容测试用的各种模拟源和检测设备。

第4章　电磁兼容详细介绍

4.1　电磁兼容测试场地

电磁兼容领域的常见测试场地包含：开阔试验场、电波暗室、屏蔽室、GTEM小室。下面分别就各种不同的场地做具体介绍。

4.1.1　开阔试验场概述

开阔试验场是重要的电磁兼容测试场地，早期的CISPR标准要求一个设备或系统的辐射发射和射频辐射抗扰度测试都必须在该场地内进行。由于30 MHz～18 GHz高频和微波电磁场的发射与接收，完全是以空间直射波与地面反射波在接收点相互叠加的理论为基础的。场地不理想，必然带来较大的测试误差。因此，国内外纷纷建造开阔试验场。但随着屏蔽和吸波材料与工艺的发展，现在越来越多的机构采用受环境和气候影响更小的半电波暗室来取代开阔试验场。

一个符合EMC测试要求的开阔试验场，对其电磁波传输特性、气候环境、占地面积、周围反射体、地面条件、辅助建筑与配套设施都有一定的要求和限制，示意图如图4-1所示。

当然，开阔试验场仍然有其独特的作用和意义：

(1)开阔试验场是大型EUT较为理想的测试场地。

(2)开阔试验场是很多标准中作为最终判定测量结果的标准测试场地。

(3)开阔试验场的造价普遍低于半电波暗室。

另外，开阔试验场也有其局限性：

(1)容易受到环境气候因素的影响，遇到大风雨雪天气、气温骤变等情况均不适合开展测试活动。

(2)在开展射频辐射抗扰度测试时，过大的场强会对外造成电磁环境干扰。

(3)随着通信技术的发展及大量电子设备的运用，对已有开阔试验场周围电磁环境的“洁净度”已经很难控制，也很难寻找到适合新建开阔试验场的电磁环境。

4.1.1.1　开阔试验场的一般要求

试验场地周围的环境应能够确保受试设备(Equipment Under Test，EUT)的骚扰场强测量结果的有效性和可重复性。对于那些只能工作在使用现场的EUT，须另行规定。

正常情况下，骚扰场强的测量是在开阔试验场地上进行的。该开阔试验场地具有空旷、水

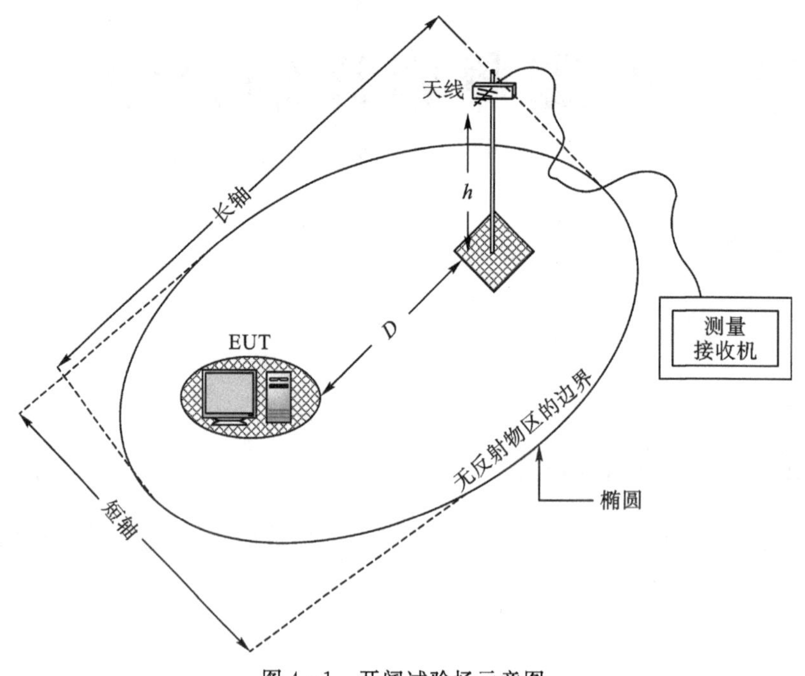

图 4-1 开阔试验场示意图

平的地势特征。这种试验场地应避开建筑物、电力线、篱笆和树木等，并应远离地下电缆、管道等，除非它们是 EUT 供电和运行所必需的。

1. 气候保护罩

如果试验场地全年使用，则可以建一个气候保护罩。气候保护罩能够保护包括 EUT 和场强测量天线在内的整个试验场地，或者只保护 EUT。它所使用的材料应具有射频穿透性以避免造成不需要的反射和 EUT 辐射场强的衰减。气候保护罩的形状应易于排雪、冰或水。

2. 无障碍区

为了得到一个开阔试验场地，在 EUT 和场强测量天线之间需要一个无障碍区域。无障碍区域应远离那些具有较大电磁场的散射体，并且这个区域应足够大，使得无障碍区域以外的散射不会对天线测量的场强产生影响。为了确定无障碍区域是否足够大，应该进行场地有效性的试验。

由于来自物体散射的场强幅值大小与许多因素(如物体的尺寸、到 EUT 的距离、EUT 所在的方位、物体的导电性和介电常数以及频率等)相关，所以对所有设备规定一个必须且充分适宜的无障碍区域是不切实际的。无障碍区域的尺寸和形状取决于测试距离及 EUT 是否被可旋转。

如果试验场地配备了转台，那么推荐使用椭圆形的无障碍区域，接收天线和 EUT 分别放在其两个焦点上，长轴的长度为测量距离的 2 倍，短轴的长度为测量距离的 $\sqrt{3}$ 倍，示意图如图 4-2 所示。对于该椭圆形的无障碍区域来说，其周界上任何物体的反射波的路径均为两个焦点之间距离的 2 倍。如果放置转台上的 EUT 较大，那么就有必要扩展无障碍区的边界，以保证从 EUT 边界到障碍物之间的净尺寸。

如果试验场地没有配备转台，也就是说，EUT 是固定不动的，那么推荐使用圆形的无障碍

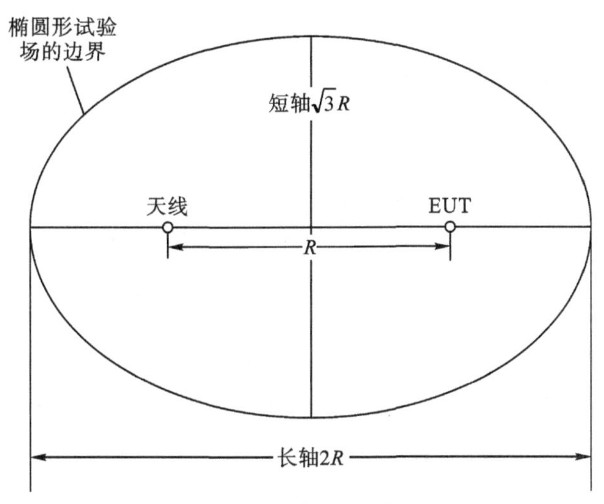

图 4-2　椭圆形试验场地

区域。EUT 的边界到试验场地的边界径向距离为测试距离的 1.5 倍，示意图如图 4-3 所示。此时，测量天线可在距离 EUT 半径远的位置上围绕着 EUT 移动。

无障碍区的地势应平坦，为了排水的需要，允许地势稍稍倾斜。测量设施和测试人员都应在无障碍区之外。

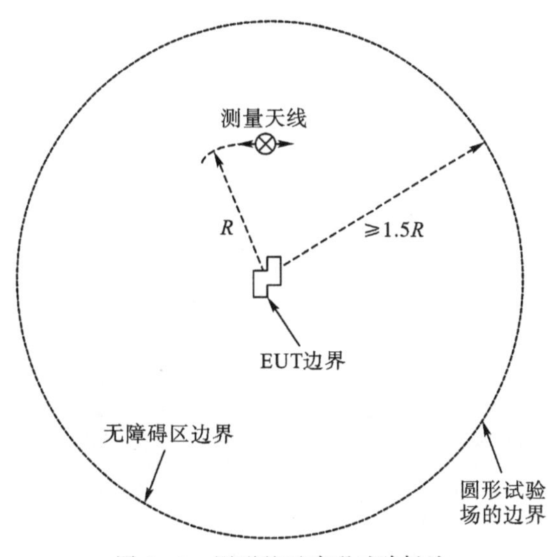

图 4-3　圆形的无障碍试验场地

3. 试验场地周围的射频环境

试验场地周围的射频电平与被测电平相比应足够低，有关这方面的场地质量可以按以下 4 个等级来评价：

(1)周围的射频电平比被测电平低 6 dB。

(2)周围某些射频电平比被测电平低，但不足 6 dB。

(3)周围某些射频电平比被测电平高，但只在有限的可识别的频率上；它们可能是非周期的即相对于测量来说，发射之间的间隔足够长，也可能是连续出现的。

(4)周围的射频电平在大部分测量频率范围内都比被测电平高,并且是连续出现的。所选择的试验场地应确保能够维持在给定的环境中和可行的工程等级下的测量精确度。为了得到更理想的测量结果,建议周围的射频电平比被测电平低 20 dB。

4. 接地平板

接地平板可以用对地具有高导电率的大面积的金属材料构成。接地平板可以放在地平面上,也可以放在一定高度的平台或屋顶上。最好使用金属接地平板,但对某些设备和应用场合,有些产品类标准并不一定推荐使用金属接地平板。金属接地平板的大小取决于试验是否满足场地有效性的要求。如果接地平板没有使用金属材料,那么应特别注意选择那些反射特性不随时间、气候或因地下存在金属材料(如管道,倒灌或不均匀的土地)而变化的试验场地。通常,这样的试验场地会给出不同于金属表面的试验场地的场地衰减特性。

4.1.1.2 开阔试验场的构造特征

ANSI C 63.4—2014、CISPR 16-1-4:2019 和 GB 9254.1—2021 规定了开阔试验场的构造特征。它是一个平坦的、空旷的、电导率均匀良好的、无任何反射物的椭圆形试验场地。其长轴是两焦点距离的 2 倍;短轴是焦距的$\sqrt{3}$倍。发射天线(或 EUT)与接收天线分别置于椭圆的两焦点上。

目前,在众多电磁兼容标准中,对电子设备辐射骚扰的测试及对开阔试验场的校验,均在 3 m 法、10 m 法和 30 m 法情况下进行。因此,椭圆形开阔试验场尺寸的选择与所要满足的试验距离有关。如需满足 30 m 法试验,则场地应为 60 m×52 m;如只要满足 10 m 法试验,则场地只需 20 m×18 m 就可以了。

用于骚扰场强测量的试验场,CISPR 标准推荐用导电材料或金属板建造。鉴于钢板相比铝板、铜板耐腐蚀,价格低,通常都采用花纹钢板建造。

如图 4-4 所示是某一种结构类型的钢质开阔试验场的剖视图。为便于维修、走线及转台安装,试验场采用地下室结构。

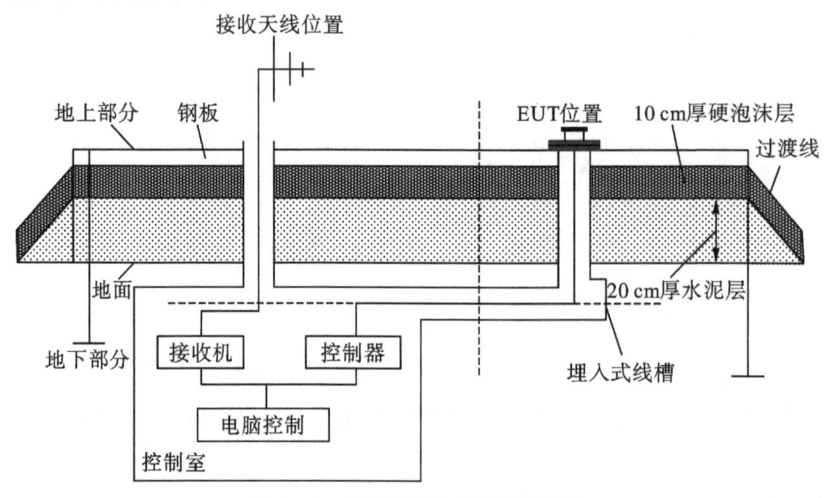

图 4-4 钢板开阔试验场剖视图

试验场设有转台及天线升降塔,便于全方位的辐射发射测试及天线升降用。此外,还应有单独的接地系统和避雷系统。通常采用单点接地,避雷系统与地线系统应是隔离的。

开阔试验场的性能指标用归一化场地衰减(Normalized Site Attenuation,NSA)来评估。也就是说 NSA 是衡量开阔试验场能否作为合格场地进行电磁兼容测量的关键技术指标。NSA 通常定义为,在自由空间放置一块平直的无限延伸的导电平面所形成的半自由空间,在标准测试距离(3 m、10 m 或 30 m)的场地衰减。

进行电磁兼容测量时,要排除其他发射源所产生的电磁波(如各种广播通信发射塔),因此开阔试验场应建造在电磁环境干净、本底噪声电平低的地方。由于市区内各种电子设备和发射塔密集存在,故开阔试验场通常选择在偏远的郊区来建造。这对于试验和管理方面来说是一个不小的难题,而且开阔试验场需要考虑气候因素(如下雨、下雪或雷电)带来的影响,因此目前多数实验室和企业都选择电波暗室作为开阔试验场的替代场地,进行电磁兼容测量。但由于开阔试验场是电磁兼容测试的基础场地,CISPR 规定在有争议时应以开阔试验场为准,因此还是有些单位会建造开阔试验场。

4.1.2 电波暗室概述

电波暗室是为了减少电磁波的反射,在屏蔽室内表面铺设安装无反射材料形成的一种特殊的电磁波传播环境。它是辐射骚扰和射频辐射抗扰度测试的重要场所。

电波暗室通常由屏蔽室、无反射材料、电源、天线、转台及闭路电视监控系统等几部分构成。屏蔽室用于保证测试不受外界干扰,无反射材料用于保证暗室的吸收特性,天线、转台保证 EUT 按标准要求的状态及条件进行测试;CCTV 监控系统监视测试正常进行,电源系统保证试验用电。屏蔽门、通风波导窗、摄像头、照明灯、配电箱等辅助设备都应尽可能放在主反射区之外,以避免任何金属部件暴露在主反射区。暗室的地板是电磁波唯一的反射面,对地板的要求是,连续平整无凹凸,不能有超过最小工作波长 1/10 的缝隙,以保持地板的导电连续性。暗室内接地线和电源线要靠墙脚布设,不要横越室内,电线还应穿金属管,并保持金属管与地板良好搭接。为了避免电波反射影响测量误差,人和测试控制设备不应在测试场地内。所以一般 EMC 暗室都由测试暗室和控制室构成,测试暗室内安放测试天线和 EUT,操作人员和测试控制仪器都在控制室内。如使用到功率放大器设备,还应建立独立的功放室放置这些设备,避免对周围环境的干扰和对人员的伤害。暗室和控制室要各自采用独立的供电系统,经过各自的滤波器,避免电磁干扰通过传导的方式相互影响。

按照无反射材料的粘贴方式,常见的暗室可分为以下几种。

(1)全电波暗室(Fully Anechoic Chamber)。内表面全部安装无反射材料的屏蔽室。模拟自由空间的传播环境,主要用于微波天线系统的参数测量。通常用静区、反射率电平、交叉极化度、多路径损耗、幅值均匀性和工作频率等六项指标来表示。全电波暗室实景如图 4-5 所示。

(2)半电波暗室(Semi Anechoic Chamber)。除有反射的金属地面(接地平板)之外,其余内表面都安装无反射材料的屏蔽室。主要模拟开阔试验场,用于 EMC 测量和电磁辐射敏感度测量。主要性能指标有归一化场地衰减(NSA)、场地电压驻波比(SVSWR)、测试面场均匀性(FU)、屏蔽效能和场地背景噪声来衡量。半电波暗室实景如图 4-6 所示。

半电波暗室作为 EMC 领域使用最为广泛的一种暗室,能够覆盖多数在暗室内开展的测试项目,且在某种条件下可扩展为类似全电波暗室的试验条件,并开展射频辐射抗扰度测试等。半电波暗室是目前国内外流行的、比较理想的 EMC 测试场地。因此,本节以半电波暗室

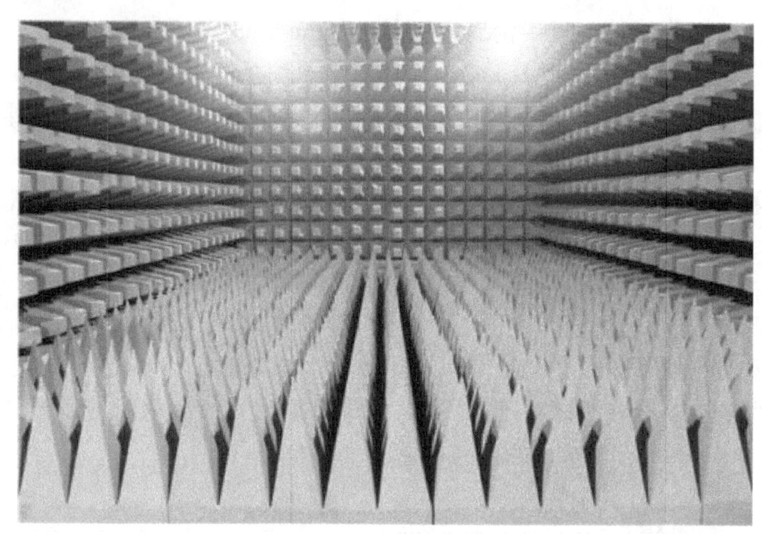

图 4-5　全电波暗室

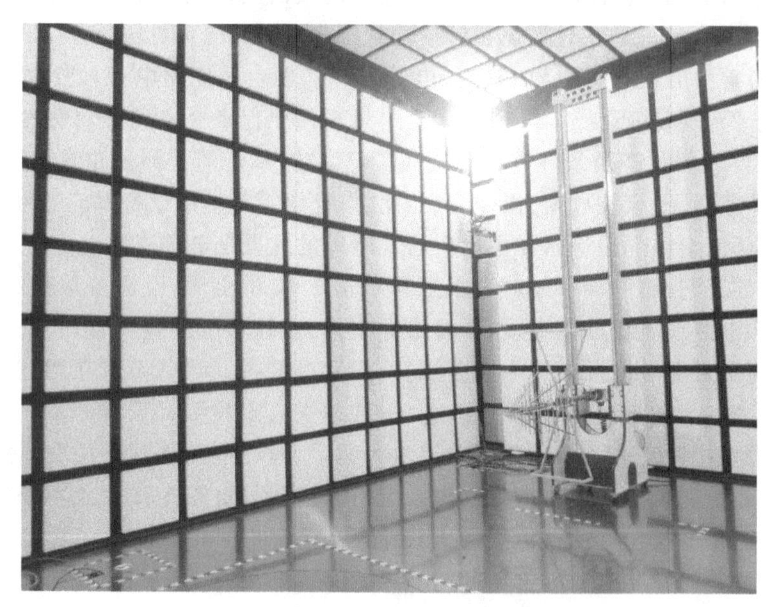

图 4-6　半电波暗室

为例，重点介绍半电波暗室在结构设计和材料选择过程中涉及的参数和技术指标等。

4.1.2.1　电波暗室的设计

半电波暗室的诞生主要是模拟野外开阔试验场的电磁波传播条件，因此它的尺寸应以开阔试验场的要求为原型。一般测试距离 R 为 3 m 和 10 m，暗室内部净空间的长度为 $2R$，宽度为$\sqrt{3}R$。高度应考虑为上半个椭圆的短轴高度、$\sqrt{3}R/2$ 加上发射源的高度。由于半电波暗室归一化场地衰减的评定中要求发射天线的最大高度为 2 m，所以暗室高度应考虑为$\sqrt{3}R/2+2$。进行 3 m 法测试时，接收天线的高度要求在 1～4 m 范围内改变；如采用垂直极化天线，还应在 4 m 上加天线上半部尺寸和天线端与暗室顶部吸波材料尖端间的最小保证距离 0.25 m。因此，3 m 法测试空间高度为 6～7 m。10 m 法所需测试空间则更大(往往要求接收天线高度能够在 2～6 m 范围内移动)。

目前,电波暗室生产厂家的标准型半电波暗室,其外尺寸分别为,用于 3 m 法的为 9 m(L)×6 m(W)×6m(H),用于 10 m 法的为 20 m(L)×13 m(W)×10 m(H)。暗室的实际尺寸为测试空间加吸波材料尺寸,加其他一些工程需要。

在设计暗室尺寸过程中,还要充分考虑屏蔽钢板厚度、吸波材料高度、铁氧体的使用以及辅助安装层等,综合确定暗室的钢板外尺寸与净空间的关系。

1. 屏蔽体

电波暗室实际上就是内部粘贴了电磁波吸收材料的屏蔽室,对于用于电磁兼容测量的电波暗室来说,它首先是一个屏蔽室。后续章节会具体介绍屏蔽室的内容。

2. 吸波材料

吸波材料是一种以吸收电磁波为主,反射、散射和透射都很小的功能性复合材料,其原理主要是在高分子介质中添加电磁损耗性物质,当电磁波进入吸波材料内部时,推动组成材料分子内的离子、电子运动或电子能级间跃迁,产生电导损耗、高频介质损耗和磁滞损耗等,使电磁能转变成热能而发散到空间消失掉,从而产生吸收作用。

吸波材料可以做到不发生反射而造成二次污染,其主要特点为,厚度薄、柔性好、强度高、吸收率大、抗老化、稳定性好、低频特性,对镜面波和表面波都具有良好的吸收特性。它广泛适用于电磁兼容、电子仪器设备、高频设备、屏蔽箱、射频屏蔽箱、屏蔽机柜、测试工具、微波暗室中,在工业微波设备内部能吸收屏蔽以防止微波泄漏、通信导航系统等高频电子电气设备的抗干扰防辐射等领域。

材料的吸波性能越好,即入射电波的反射率越小,对暗室中场强测量产生的不确定度就越小。泡沫尖劈型吸波材料的反射率与尖劈长度和使用频率有关,尖劈越长,频率越低,反射率越小。

一般情况下,电波暗室的最低使用频率为 30 MHz,对应的波长为 10 m,此时吸波材料的长度应大于或等于最低吸收频率的 1/4 波长,即 2.5 m。吸波材料太长,既占用空间,又容易变形。因此近年来流行由铁氧体和角锥吸波材料组成的复合吸波材料。铁氧体材料低频性能较好,这样角锥吸波材料就可以专注于高频部分,其长度可以大大缩短,节省了电波暗室的内部空间。

(1)铁氧体材料。铁氧体材料需直接安装在电波暗室的墙壁和天花板上,如图 4-7 所示,其工作频率范围一般为 30 MHz～1000 MHz。铁氧体材料的安装宜采用粘贴的方式,如果采用螺钉固定的方式,螺钉应为非金属材料,避免造成电磁波的反射。除了铁氧体材料本身的性能之外,每块铁氧体瓦之间的缝隙也决定了电波暗室的性能,因此铁氧体瓦的尺寸容许偏差及安装工艺也极大地影响着电波暗室的性能。

如果电波暗室仅用于 30 MHz～1000 MHz 频率范围内的辐射骚扰测量,且铁氧体材料的性能足够好,则可不用角锥吸波材料,只粘贴铁氧体瓦,同样可以满足测量要求。

(2)角锥吸波材料。角锥吸波材料的作用主要为吸收高频电磁波,与铁氧体瓦配合就可以组成全频段吸波性能都良好的复合型吸波材料。角锥吸波材料实物如图 4-8 所示,这种材料具有较好的阻燃特性。吸波材料通常设计成角锥状或楔形,主要使其传输阻抗尽可能与周围空气介质的阻抗相接近。

图 4-7 铁氧体安装在电波暗室墙壁上

图 4-8 角锥吸波材料实物

对于角锥吸波材料，其吸收特性可以通过电波暗室的性能指标来考核。除了关注其吸收特性之外，还应注意以下几点。

①防潮：海绵体的吸波材料都容易吸收空气中的水分，应避免吸波材料吸潮、变形及长时间使用后性能下降。

②防火：若电波暗室发生火灾，最容易着火的就是角锥吸波材料，因此吸波材料应满足相关防火标准。

③承受场强：由于电波暗室也用来进行高场强的辐射抗干扰测量，因此，吸波材料应可以承受足够的场强，一般要求承受 200 V/m 的连续场强与 500 V/m 的非连续场强。

3. 电源滤波器

为保证通向转台、天线塔、暗室内的被测物、测试设备及附件、暗室内部照明等的各电源都是“干净的”，必须根据将要使用的电源类型、各自的最大功率及一定的设计余量，选购电源滤波器，如图 4-9 所示。进入电波暗室、屏蔽控制室、屏蔽放大器室内的所有电源均应经电源滤波器滤除骚扰。电源滤波器的选购不但要考虑抑制频带、插入损耗、最大工作电流、最大工作电压等功能性指标，还要考虑漏电流等安全指标。

4. 信号/控制线滤波器

屏蔽控制室内测试设备与电波暗室、屏蔽室和功放室等均有信号传输要求。另外，对于通向电波暗室或屏蔽室内的电话线、网络线或其他信号/控制线等都有滤波要求。可以根据各信号/控制线的工作频率范围、是模拟信号还是数字信号等具体情况来选择对应的信号/控制线滤波器。

5. 墙面接口板

电磁兼容测量过程中，经常需要将电波暗室内的信号引出到电波暗室外。例如，电波暗室内接收天线接收到的信号需要通过电缆将骚扰信号传输到电波暗室外的测量接收机。也经常需要将电波暗室外的信号引入电波暗室内。例如，进行电视机的测量时，需要将电波暗室外的

图 4-9　电源滤波器

电视信号发生器输出的信号通过电缆引入电波暗室内与被测电视机相连。这时，就需要墙面接口板将电波暗室内外的电缆相连接，墙面接口板实物如图 4-10 所示。

图 4-10　墙面接口板

每块接口板上各种电缆接头数量、光纤接头数量及它们之间的排列布置，要根据每个测试点实际需要用到或将来可能的扩展需求来确定。典型的配置为 50 Ω 的 N 型接头 4 个、50 Ω 的 BNC 型接头 2 个、SMA 接口 2 个、光纤通道 2 个、直径 3 cm 波导管 1 个和直径 10 cm 波导管 1 个。

6. 通风波导窗

所有用于通风或排气的开口均装有蜂窝状波导窗，并安装有法兰与通风扇或空调系统。通风波导窗由许多截面为六边形的小波导组成，如图 4－11 所示。波导边长与最高工作频率相关，以其屏蔽性能与半电波暗室屏蔽效能相匹配为原则。大多数波导窗设计截止工作频率到 18 GHz。如果工作频率更高，如到 40 GHz 时，造价将会更高。

图 4－11　通风波导窗

暗室内部空调设计采用底面进气，暗室顶部出气的设计方式，实现最大换气效率。通风波导窗的数量和窗口总面积根据暗室换气量要求来确定。一般情况下，要求每小时换气量至少 5 次。

7. 照明

日光灯会发射骚扰信号，不允许在暗室内使用。而卤素灯和白炽灯不产生无线电干扰，是非常适用于暗室的照明灯具。为把干扰反射降至最低水平，将照明用电缆铺设于吸波材料背面的金属薄板通道或铠装金属管内，同时安装在天花板上的照明灯数量也应受到限制。为方便更换维修，半电波暗室内照明灯应允许能自动降至反射地面附近。除此以外，还需要装设一些由备用蓄电池供电的应急照明灯。

8. 防火报警系统

应在暗室内设计并安装防火报警系统，消防探测系统的设计、选型应根据相关的消防规定来确定。在安装完所有火警控制、警报装置、空气取样管道等后，既能正常进行火警探测报警工作，又不影响暗室的屏蔽效能。

9. 暗室监视系统

因为绝大多数电磁兼容测量是在无人情况下在半电波暗室内进行的，但在整个测试过程中既需要对被测物的工作状态进行实时监控，还要随时对附属仪器设备的工作状况进行跟踪观察，因此暗室必须配置实时监控系统。通常在暗室内部装有两套实时监控系统，一套用于监视暗室本身，另一套用于监视被测物。每套监控系统包括暗室内部的摄像机和测试区域外部（通常在控制室或监视室）的监视器和控制器。通常操作杆和控制器安装在测试区域外部，而摄像机常安装在暗室内部无反射区域，如图 4－12 所示。对于暗室内部的摄像机要求其正常工作时产生的射频干扰很低，并能在宽频带范围内承受较高的辐射场强。

10. 转台和天线升降塔

转台和天线升降塔都是电波暗室中使用最频繁的设施，其运行的可靠性和易用性是首先

图 4-12　暗室内的摄像机

需要考虑的。

转台的直径大小、最大承重、最大转角、可调转速都需要仔细考虑，还要限制它的伺服电机的骚扰水平满足相关标准的要求。转台的结构如图 4-13 所示。

图 4-13　转台的结构

暗室内应选择一款承重合适，可以搭配不同的适配器，能够适应不同的天线，在1～4 m或2～6 m范围内均匀低速升降的天线塔。该天线塔只有基座和驱动机构(离地高度低于 0.3 m)使用金属材质，其余部件均采用非金属。天线塔架材质可以选 PRFG 与 PVC 材料。待机或运行时的电磁干扰水平低于 CISPR 22:2019 的 Class B 辐射干扰水平 10 dB 以上。

天线塔配上合适的适配器后，能够安装所有市场上流通的天线，并应当使所有天线能够围绕它们的轴线极化旋转，避免高度误差。天线塔自带限位开关和通用机械设计保证系统允许的可靠性。天线塔应当通过光纤控制的方式，通过计算机 GPIB(IEEE 488)线，对所有的功能进行控制。

如果有条件或测试需要，可以将转台及天线升降塔控制纳入 EMC 测试软件中，尽最大可能地避免人为干预，减小操作强度，实现测试全过程自动化。天线升降塔如图 4-14 所示。

11. 转台和天线塔控制器

电波暗室应配备转台和天线塔控制器，如图 4-15 所示。控制器的功能为，在电波暗室外控制转台的旋转和天线升降塔的升降，为了避免信号传输影响电磁兼容测量，控制器与转台和天线升降塔的连接应为光纤连接。控制器应能手动和软件双重控制，控制器应带有 GPIB 口、USB 口或以太网口等控制接口，方便与计算机连接进行软件控制，且与市面上常用的电磁兼容测量控制软件兼容。

图 4-14 天线升降塔

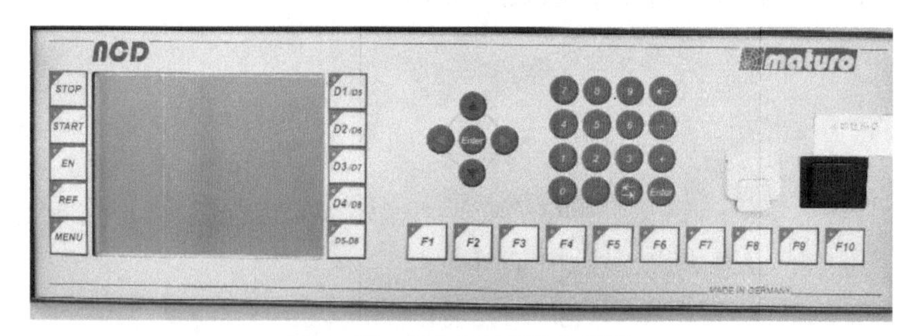

图 4-15 转台和天线塔控制器

4.1.2.2 电波暗室的主要技术指标

电波暗室在建设完成后，整个场地和技术性能应符合标准要求。在屏蔽体建设完成，安装吸波材料或其他装修前，完成屏蔽效能的测试。在整个半电波暗室完成后，完成归一化场地衰减（NSA）、场地电压驻波比（SVSWR）、测试面场均匀性（FU）和场地背景噪声的测试。所有以上测试项目必须由第三方检测机构进行检测。

1. 屏蔽效能

半电波暗室金属壳体的屏蔽性能用屏蔽效能来衡量。屏蔽效能是模拟干扰源置于屏蔽壳体外时，屏蔽体安装前后的电场强度、磁场强度或功率的比值。暗室屏蔽效果的好坏不仅与屏蔽材料的性能有关，也与壳体上可能存在的各种不连续的形状和孔洞以及安装工艺有很大关系。

例如，屏蔽门是暗室的主要进出口，需要经常开启，所以门缝是影响屏蔽效能的重要部位。现在一般采用指形簧片来改善门与门框的电气接触。两层以上的簧片结构，可以使门缝处的泄漏，降到满足较高屏蔽效能要求的状态。

暗室的屏蔽效能应当适当，并非越高越好，要从费用价格比考虑。对于新建的暗室，在正式安装内部材料前，必须严格按照 GB/T 12190—2021 关于屏蔽室屏蔽效能测量方法严格测量和检漏，重点对可能造成屏蔽效能降低的缝隙、出入口、通风波导、AP板等部位进行检测，如果发现不合格应当及时修补。

2. 归一化场地衰减

场地衰减是测量用场地的一个固有参数，场地衰减与地面的不平度、地面的电参数、周围环境、收发天线之间的距离、天线类型和极化方向、收发天线端口的阻抗等有关。场地衰减定义为，输入到发射天线上的功率，与接收天线负载上所获得的功率之比。

半电波暗室场地衰减的测试是在开阔测试场场地衰减测试的基础上进行的。CISPR 32：2019对半电波暗室这个模拟开阔场的NSA测量进行如下规定。

(1)用双锥天线和对数周期天线等宽带天线进行测量，而不用调谐偶极子天线。估计是前者低频端几何尺寸较后者为小，又便于扫频测试之故。

(2)考虑到EUT具有一定体积，设备上各点与周边吸波材料距离不同，应对EUT所占空间进行多点NSA测量。具体是在发射天线所处中心位置及前、后、左、右各移动0.75 m等5个点，以及发射天线在不同高度(垂直极化时1 m和1.5 m，水平极化时1 m和2 m)下进行。因此，总共要进行20种组合情况下的NSA测量，包括5个位置、2个高度、2种极化。测量水平极化场地衰减的设备布置图如图4-16所示。

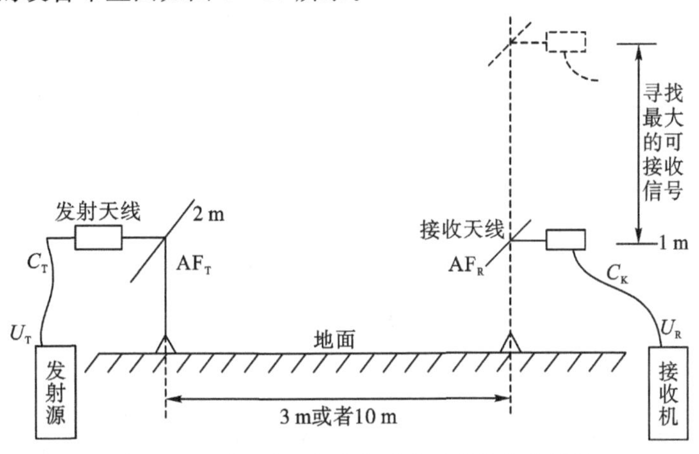

图4-16 测量水平极化场地衰减的设备布置图

归一化场地衰减只用来表明测试场地的性能，与天线或测量仪器并没有多大的关系，是衡量测试场地性能的重要指标之一。信号从发射源传输到接收机时，由于场地影响所产生的损耗为NSA，它反映了场地对电磁波传播的影响。半电波暗室是为模拟开阔场地而建造的，暗室中的NSA应和开阔场相一致，在30 MHz～18 GHz频率范围内，当测量的垂直与水平的NSA值在归一化场地衰减理论值的±4 dB之内，则测试场地被认为是合格的，可以在暗室中进行电磁辐射干扰的检测。

3. 场地电压驻波比

用于1 GHz以上测量的场地要求是一个全电波暗室，由于半电波暗室的场地不具备自由空间条件，因此需要在接地平板上铺设额外的吸波材料，如图4-17所示。一个全电波暗室若用于测试产品1 GHz以上的辐射骚扰，必须通过场地电压驻波比(SVSWR)测试。SVSWR测试的目的是检查被测空间的周边条件，即由接收天线3 dB波束宽度形成的切线所提供的自由空间条件。

图 4-17　暗室地面铺设吸波材料

测试静区内，在每个测试位置 6 个采样点接收到的值归一化后，由反射信号与直射信号路径引起的最大接收电压与最小接收电压之比，即为该点的场地电压驻波比测试结果。

SVSWR 是用分贝表示式：

$$\mathrm{SVSWR}_{\mathrm{dB}}=V_{\mathrm{maxdB}}-V_{\mathrm{mindB}}$$

如果每个测试点的 SVSWR 值在全频段内均小于或等于 6 dB，则认为场地满足要求，可以进行 1 GHz 以上的辐射骚扰测试。

4. 场均匀性(FU)测试

使用电波暗室进行辐射抗扰度试验时，要确保受试设备周围产生均匀的场。因此，必须进行测试面场均匀性的校准，合格后方可进行抗扰度测试。在场均匀性测试时，要求在发射天线与受试设备之间的地面上铺设吸波材料，防止地面反射影响场均匀性，这时半电波暗室就成为全电波暗室。

在进行辐射抗扰度测量时，要在受试设备处产生规定的场强。由于 EUT 表面有一定空间范围，所以在 EUT 区域内规定了一个 1.5 m×1.5 m 的垂直平面，要求该平面上场强均匀，这就是测试面场的均匀性。具体的做法是，把该平面均匀划分为 16 个点，将天线放置在 16 个测试点的正中央，使用的发射天线应与进行辐射抗扰度测试时使用的天线相同，在 3 m 的测试距离处，天线的 3 dB 波束带宽足够大，可以完全覆盖 1.5 m×1.5 m 的区域，如图 4-18 所示。

场均匀性测试系统如图 4-19 所示，将场强探头放在图 4-18 中 16 个测试点中的任意一点，给发射天线施加适当的正向功率得到期望的场强值。用计算机控制信号源进行扫频测试（以当前频率的 1%作为步进频率），并记录每个频率下的功率和场强读数。将探头分别移动至其他 15 个测试点，给发射天线馈入相同的正向功率并记录下该功率下所得到的场强值。

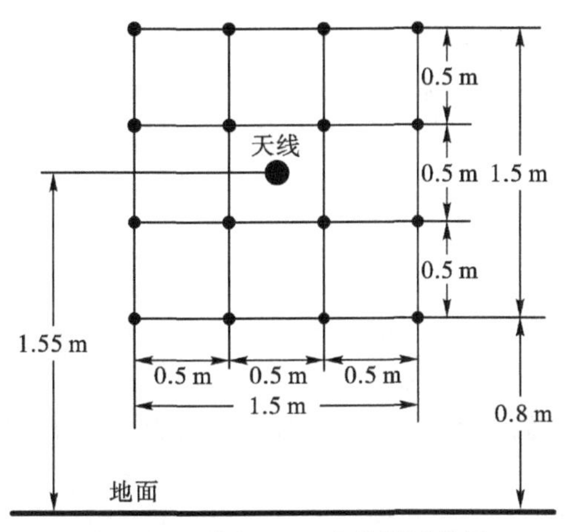

图4-18 均匀区16点的测试位置

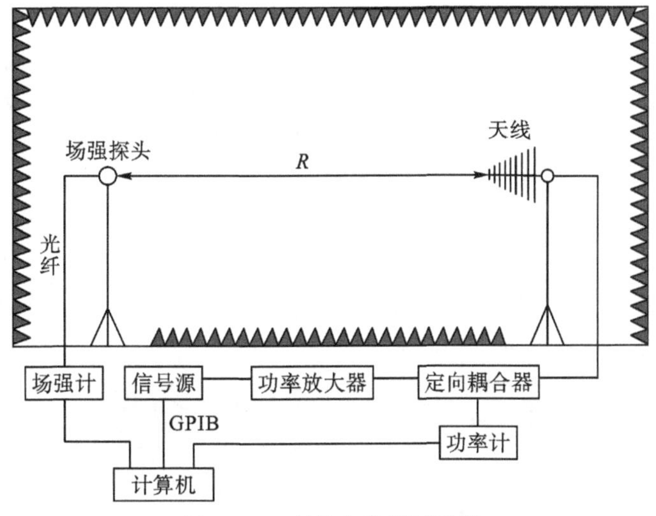

图4-19 场均匀性测试系统

对于每个频率,在16个测试点处得到的场强值中剔除4个影响最大的值,保留的12个场强值若在0～6 dB(以最低场强作为参考点)范围内,则认为测试面场强是均匀的。

4.1.3 屏蔽室概述

屏蔽室是电磁兼容测量中应用最广泛的测量场地之一,为了使室内的电磁场不泄露到外部或外部电磁场不透入室内,就需要建造屏蔽室。电磁兼容测量中有很多项目均要求在屏蔽室中进行。电磁屏蔽室是为了达到电磁屏蔽作用,用于阻断电磁辐射通路的设施。它的主要功能如下:

(1)阻止外部电磁干扰,确保屏蔽室内的电子设备不受影响。

(2)阻止内部电磁干扰向外泄漏,对周围的电磁环境造成破坏,甚至可能影响无线广播、无线通信及人体健康等。

(3)为某些测试标准需要,营造一个相对独立的电磁空间或温/湿度空间。

(4)防止通信设备信息泄露,保证信息安全,杜绝无意的电磁发射可能遭到的信息截获。

(5)军事活动中用于保护敏感设备不受外部高强度电磁波的干扰等。

在 EMC 领域,电磁屏蔽室是开展传导发射等测试的重要设施之一,它是一种使用屏蔽钢板和钢支架构成的一个金属“盒子”。由导磁良好的钢板和铜材料组成的一个屏蔽体。冷轧钢板是其主体屏蔽材料,各种接缝的导电材料使用铜带或铜网。

1. 屏蔽室的种类

拼装式壳体由成型钢板(在四边经两次弯板制成)和螺栓固定模块构成。任意相邻两块屏蔽模块间都有导电衬垫,以保证优良的射频屏蔽和电连续性。这种方式结构轻,易于装配,便于将来维修和拆卸,施工周期短。屏蔽系统由大片的钢板焊接在一起构成,它们形成了一个紧密的射频密封体。焊接封装的好处是经久耐用,并因消除了接缝泄漏而具有更高的屏蔽性能,但不易拆卸,适合于固定场所。由于各供应商的屏蔽板类型不同,屏蔽板之间的连接方式和工艺也不一样,为了保证良好的电接触和密封性,应对他们采用的屏蔽板及其连接方式进行详细了解和比较,并结合实际的施工周期等要求进行选择。

2. 屏蔽门

屏蔽门如图 4-20 所示,通常用于人员和受试设备进出屏蔽室。屏蔽门的设计方案多种多样,常选择易于维护的类型。由于屏蔽门是导致实验室性能下降的主要因素,通常要求屏蔽门的寿命和可靠性与实验室的工作年限相匹配。门扇与门框之间的屏蔽常采用内凹三刀状接触结构,通过把门上的钎刀插入固定到门框上的指状弹簧片来保证良好的电连续性。人员进出门通常采用活页结构,通过两个活页与门框相连;通过杠杆辅助装置,使门扇和门框关闭平稳、接触紧密。对于尺寸较大的被测对象而言,因其外形体积比较大,活页结构的转门已不适用,通常还要采用滑动门。滑动门可以提供更大的进出空间,滑动门上常装有吸波材料,其实际的宽度和高度尺寸主要根据被测物的最大尺寸来确定。通常在门的通道处还装设有跨接平

图 4-20 屏蔽门

台或斜面，门关闭时斜面自动下降，门开启时斜面自动升起，以保证屏蔽室内外地面水平，便于大件物品的进出搬运。

3. 屏蔽室的接地

屏蔽室接地有如下两个目的。

(1)安全接地：地电位必须是大地电位。

(2)工作接地：给信号电压提供一个基准电位，并给高频干扰电压提供低阻通路，此时地电位可以是大地电位，也可以不是大地电位。

屏蔽室是一个轮廓尺寸很大的导体，若屏蔽室浮地，周围环境中的各种辐射干扰会在屏蔽壳体上感应电压。由于屏蔽壳体不是一个完整的封闭体，就可能造成把室外电磁干扰感应耦合到室内；同时也可能把室内的强电磁场感应耦合到室外。从而降低屏蔽室的屏蔽效能，这种现象在较低频率(如中波、短波)段较为严重。屏蔽室的接地能消除在屏蔽壁上的感应电压，明显提高低频段的屏蔽效能。对高频段而言，由于屏蔽室与大地间的分布电容几乎把屏蔽室与大地短路，安装在地面上的屏蔽室接地对屏蔽效能影响不大。甚至当接地线长度为 1/4 工作波长的奇数倍时，接地线呈现的阻抗很高，可能反而使屏蔽效能大为降低。

屏蔽室的接地宜采用单点接地的方式，主要是为了避免多个接地点的电位不同造成电流流动引起屏蔽室内的干扰。接地线应采用高电导率的扁平导体以降低接地线的阻抗，接地电阻应尽可能地小，一般要求小于 4 W，可采用铜带作为屏蔽室的接地线，接地线应尽可能地短，最好小于波长的 1/20。

4. 屏蔽室的谐振

任何的封闭金属空腔都可产生谐振现象，屏蔽室也是如此。对于不同的激励模式，谐振频率点会不同，一个屏蔽室会有很多个谐振频率点。谐振是一个有害现象，当发生谐振现象时，会使屏蔽室的屏蔽效能大大下降，导致信息的泄露或造成很大的测量误差。为避免屏蔽室谐振引起的测量误差，应通过理论计算和实际测量来获得屏蔽室的主要谐振频率点，并记录在案，形成相关的作业指导书，以便在今后的电磁兼容测量中，避开这些谐振频率。

5. 屏蔽室的屏蔽效能

屏蔽效能定义：没有屏蔽体时空间某点的电场强度 $\boldsymbol{E}_0$(或磁场强度 $\boldsymbol{H}_0$)与有屏蔽体时被屏蔽空间在该点的电场强度 $\boldsymbol{E}_1$(或磁场强度 $\boldsymbol{H}_1$)之比。

在屏蔽室建成之后，为了考核其性能，应进行屏蔽效能的测试(如果是电波暗室，屏蔽效能测试应在屏蔽体建成之后，粘贴吸波材料之前进行)。GB/T 12190—2021《电磁屏蔽室屏蔽效能的测量方法》中详细规定了低频段(9 kHz～20 MHz)、谐振频段(20 MHz～300 MHz)和高频段(300 MHz～18 GHz)屏蔽效能的测试方法。对屏蔽室各个表面的每个点都进行屏蔽效能测试是不现实的，对每个频率点进行测试也是不现实的，该标准中还对测试频点和测试位置给出了建议。

4.1.4　GTEM 小室概述

作为替代户外开阔场而建立的电波暗室，因其性能完善而获得了广泛应用，但由于造价和必须配备的设备昂贵，阻碍了它向中小企业的发展。这里介绍的 GTEM 小室又称吉赫兹(GHz)横电磁波室，是近十几年才发展起来的，它的工作频率范围可以从直流至数吉赫兹以上，内部可用场区较大，尤其可贵的是小室本身与其配套设备的总价不算过于昂贵，能为大多数企业所接受。因此，GTEM 小室在国内取得了长足发展，成为企业对于外形尺寸不算太大的设备开展射频辐射电磁场抗扰度试验的首选方案。

GTEM 小室是根据同轴及非对称矩形传输线原理设计而成的设备。为避免内部电磁波的反射和谐振，GTEM 小室在外形上被设计成尖锥形，其输入端采用 N 型同轴接头，随后中心导体展平成一块扇形板，称为芯板。在小室的芯板和底板之间形成矩形均匀场区。为了使球面波(严格地说，由 N 型接头向 GTEM 小室传播的是球面波，但由于所设计的张角很小，因而该球面波近似于平面波)从输入端到负载端有良好的传输特性，芯板的终端因采用了分布式电阻匹配网络，从而成为无反射终端。理想化的 GTEM 场及 GTEM 小室示意图如图 4－21、图 4－22 所示。

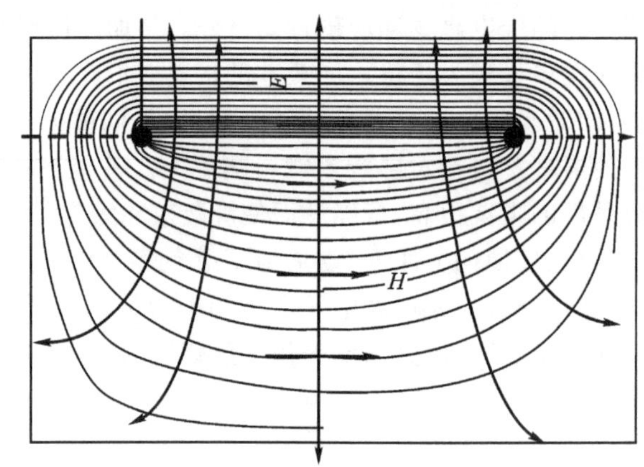

图 4－21　理想化的 GTEM 场

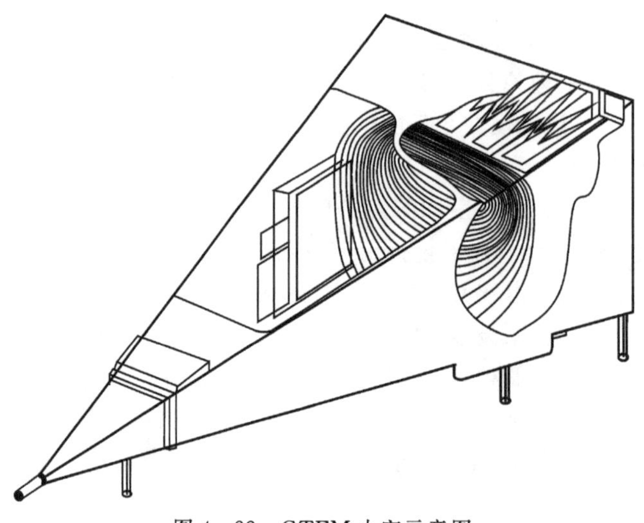

图 4－22　GTEM 小室示意图

GTEM 小室的端面还贴有吸波材料，用它对高端频率的电磁波做进一步吸收。因此，在小室的芯板和底板之间产生了一个均匀场强的测试区域。试验时，EUT 被置于测试区中，为了做到不因 EUT 置入而过于影响场的均匀性，EUT 以不超过芯板和底板之间距离的 1/3 高度为宜。

4.2 电磁兼容标准体系

随着电子技术在人类各个领域中的广泛应用,以及人们对电磁环境保护的日益关注,电磁兼容已经成为一个国际上被普遍关注的学科和专业。世界上很多机构和组织都对电磁兼容展开了研究,如国际电工委员会(IEC)、国际标准化组织(ISO)、国际电信联盟(ITU)、国际无线电咨询委员会(ITU-R)等。一个个国际性的标准化组织,不断推进着电磁兼容的发展,并且各个组织联系越来越紧密。部分国际标准化组织图标如图4-23所示。

图4-23 国际标准化组织图标

EMC国际标准化组织中比较有代表性的是国际电工委员会(IEC),IEC成立于1906年,至今已超过一百年的历史,是世界上成立最早的国际性电工标准化机构,它负责有关电气工程和电子工程领域中的国际标准化工作。目标是促进电工、电子及相关技术领域中的标准化合作,从而促进对国际问题的互相理解。现在IEC的总部位于瑞士日内瓦。

IEC目前下设多个技术委员会(Technical Committee,TC)及其分技术委员会(Subcommittee)。在IEC的研究管理架构中,主要承担电磁兼容研究工作的是1981年成立的IEC第77技术委员会(TC77)和1934年成立的国际无线电干扰特别委员会(CISPR)。

4.2.1 IEC/CISPR介绍

作为IEC下属的特别委员会,CISPR专门从事有关无线电干扰标准的研究和制定工作。该组织的有效运作促进了国际上各领域无线电干扰的协调一致,在国际贸易中起到了积极作用。

CISPR的组织结构包括全体会议、指导委员会、分技术委员会(SC)、工作组(Working Group)和特别工作组(Special Working Group)。CISPR下设A、B、D、F、H、I共6个分会。它们分别是

(1)A:无线电干扰测量方法和统计方法。

CISPR/A主要任务是制定、修订关于测量设备和设施、辅助设备及基础测量方法的CISPR出版物,研究干扰测量结果的统计分析中所用的抽样方法以及干扰测量与信号接收效果之间的相互关系。CISPR/A目前有以下两个工作组。

①WG1:EMC测量设备和设施规范,制定发射和抗扰度测量设备规范。

②WG2:EMC测量技术,统计方法和不确定度。

(2)B:工业、科学、医疗射频设备(ISM)、重工业设备、架空电力线、高压设备和电力牵引系统的无线电干扰。

CISPR/B 研究的主要对象是工业、科学和医用设备，包括家用或类似用途大功率半导体控制装置(通常会与 F 分会协调合作)，以及架空电力线、高压设备和电力牵引系统的无线电干扰。其任务是制定、修订上述对象的干扰限值和特殊测量方法的 CISPR 出版物(CISPR11 和 CISPR18)。CISPR/B 目前有以下两个工作组。

①WG1：工业、科学、医疗射频设备，它所研究的干扰对象是工业、科学、医疗设备的干扰或设备内由于操作产生的火花干扰。

②WG2：架空电力线、高压设备和电力牵引系统，它所研究对象为架空电力线，高压设备和电力牵引系统的干扰。

(3)D：机动车(船)的电气电子设备、内燃机驱动装置的无线电干扰。

CISPR/D 主要研究对象是关于机动车辆、船的电气电子设备和内燃机驱动装置的无线电骚扰。其任务是制定、修订上述对象的骚扰限值和特殊测量方法的 CISPR 出版物(CISPR12、CISPR21、CISPR25)。CISPR/D 目前有以下两个工作组。

①WG1：建筑物中使用的接收机的保护。其任务包括建筑物中使用的所有调频(FM)，调幅(AM)和电视(TV)广播接收机的保护。

②WG2：车载接收机的保护。其任务范围包括机动车上的装置、车载无线电和环境，主要规定车载 RF 噪声源影响车上和邻近接收机的试验方法和限值。车载接收机对 RF 传导骚扰和暂态/脉冲群骚扰的敏感度不属于其工作范围。

(4)F：家用电器、电动工具、照明设备及类似设备的干扰。

CISPR/F 主要任务是制定、修订关于家用电器、电动工具、照明设备、接触器、小功率半导体控制装置及类似设备所产生干扰的限值及特殊测量方法的 CISPR 出版物。CISPR/F 目前有以下两个工作组。

①WG1：装有电动机或接触器的家用电器。主要任务是研究装有电动机和接触器的家用电器、便携工具和类似电子设备的无线电干扰测量方法和限值，并就有关问题向 CISPR/F 提出建议。

②WG2：照明设备。其主要任务是讨论照明设备无线电干扰特性的测量方法和限值，并就有关问题向 CISPR/F 提出建议。

(5)H：对无线电业务进行保护的发射限值。

CISPR/H 主要任务是制定、修订无线电发射的通用标准，主要是针对无线电业务进行保护的发射限值的标准。CISPR/H 目前有以下三个工作组。

①WG1：EMC 产品发射标准的相关文件。

②WG2：确定发射限值的合理性。

③WG3：现场测量的通用发射标准。

(6)I：信息技术设备、多媒体设备和接收机的电磁兼容。

CISPR/I 主要任务是制定、修订关于广播接收机、多媒体设备、计算机及各类信息技术设备所产生干扰的限值及特殊测量方法的 CISPR 出版物。CISPR/I 目前有以下四个工作组。

①WG1：广播接收机和相关设备的发射、抗扰度限值和测量方法(维护 CISPR13 和 CISPR20)。

②WG2：多媒体设备的发射限值和测量方法。

③WG3：信息技术设备的发射、抗扰度限值、测量方法(维护 CISPR22 和 CISPR24)。

④WG4:多媒体设备的抗扰度限值和测量方法。

CISPR 各个分会几乎涵盖了无线电干扰测量设备、方法、特定产品和一般产品领域的所有无线电干扰发射的标准,作为国际标准化组织之一,为全球多数国家提供了标准参考,同时为改善全球电磁兼容问题提供了依据。

4.2.2 IEC/TC77 介绍

IEC/TC77 技术委员会是电磁兼容(EMC)技术委员会,是 IEC 组织中负责 EMC 方面的一个二级机构。几十年来,无论是在处理电气安全、雷电保护、电力电子、电缆系统、芯片设计,还是静电方面的问题,EMC 对 IEC 中其他大部分委员会的工作都产生了影响。因此,TC77 也被称为"横向委员会"。换句话说,在所有由其他 IEC 技术委员会标准化工作涉及的有关 EMC 事务中,IEC/TC77 技术委员会具有咨询和指导作用。此外,IEC/TC77 技术委员会还一直与其他的国际组织保持着密切的联系,如 ISO、IEEE、ITU 等。

TC77 和其的 3 个分委员会以及 12 个工作组一起,不仅研究和制定抗干扰的基础标准,还需起草专业通用标准和产品类标准,有关 EMC 的安装和缓解指南也是其工作的一部分。IEC 61000 系列就是 EMC 领域中一个重要的标准系列,是电磁兼容工程师日常工作的必备工具。TC77 下设 A、B、C 共 3 个分会。

(1)A:低频现象,其主要任务是在电磁兼容领域内从事低频现象(不大于 9 kHz)的标准化。A 分会目前有 5 个工作组和 1 个项目组。

①WG1:谐波及其他低频骚扰。

②WG2:电压波动及其他低频骚扰。

③WG6:低频抗扰度试验。

④WG8:与网络频率有关的电磁干扰。

⑤WG9:电力质量的测量方法,主要任务是定义电力质量的测量参数,提供表征这些参数的标准测量方法和这些测量方法的安全应用和可靠解释的导则。

⑥PT 61000 - 3 - 15:低压系统中分散发电的电磁抗扰度和发射要求评估。

(2)B:高频现象,其主要任务是电磁兼容领域内关于连续的或瞬态的高频现象(不小于 9 kHz)的标准化,目前 B 分会有 2 个工作组、1 个维护组和 3 个联合工作组。

①WG10:辐射电磁场和由其感应的传导骚扰的抗扰性。制定、修订辐射电磁场和由其感应的传导骚扰的抗扰度试验的标准。

②WG11:传导骚扰的抗扰性,但不涉及由于辐射场感应的传导骚扰。

③MT12:暂态现象抗扰度试验,维护 IEC 61000 - 4 - 2、IEC 61000 - 4 - 4 等出版物。

④JWG TEM:CISPR/A 和 SC 77B 联合关于横向电磁波导的工作,维护 IEC 61000 - 4 - 20 出版物。

⑤JWG REV:CISPR/A 和 SC 77B 联合关于混响室的工作,维护 IEC61000 - 4 - 21 出版物。

⑥JWG FAR:CISPR/A 和 SC 77B 联合关于全电波暗室的工作,维护 IEC 61000 - 4 - 22 出版物。

(3)C:大功率脉冲现象,其主要任务是制定 HEMP 保护设备性能的标准及民用电工、电子设备和系统对 HEMP 抗扰度基础标准。C 分会目前有 3 个工作组。

①PT 61000－4－35：HPEM 模拟器总揽。

②PT 61000－5－8：分布的民用设施的 HEMP 保护方法。

③PT 61000－5－9：HEMP 和 HPEM（大功率电磁）的系统级敏感度评估。

4.3 中国 EMC 标准化组织

我国目前从事电磁兼容标准化的组织有两个：全国无线电干扰标准化技术委员会和全国电磁兼容标准化技术委员会，两个组织分别承担着两个领域的标准化工作，既有区别又有联系。

1. 全国无线电干扰标准化技术委员会

全国无线电干扰标准化技术委员会成立于 1986 年 8 月。该委员会的主要任务是在无线电干扰领域，组织相关单位和人员制定和修订国家标准，开展与国际 IEC/CISPR 相对应的工作。委员会下设 6 个分技术委员会，每个分会均挂靠在相应的单位，如表 4－1 所示。

表 4－1 全国无线电干扰标准化技术委员会及分技术委员会

委员会（总会及分会）	秘书处挂靠单位
全国无线电干扰标准化技术委员会	上海电器科学研究院
A 分会	中国电子技术标准化研究院
B 分会	上海电器科学研究院
D 分会	中国汽车技术研究中心
F 分会	中国电器科学研究院
H 分会	国家无线电监测中心
I 分会	中国电子技术标准化研究院

这 6 个分会与国际 CISPR 的各分会相对应（包括工作范围），只有 H 分会除与 CISPR/H 的工作范围相对应外，还研究我国无线电系统与非无线电系统之间的干扰。全国无线电干扰标准化技术委员会承担着电磁兼容 EMI 领域几乎所有的标准化工作和检测技术研究工作。

2. 全国电磁兼容标准化技术委员会

全国电磁兼容标准化技术委员会成立于 2000 年 4 月。该委员会的主要任务是负责国内电磁兼容和电磁环境领域标准化和 IEC/TC77 的国内技术归口工作，推进电能质量、低频发射、抗扰度、测量技术和试验程序等 IEC 61000 系列电磁兼容标准的国内转化工作。委员会下设 3 个分技术委员会，每个分会均挂靠在相应的单位，如表 4－2 所示。

表 4－2 全国电磁兼容标准化技术委员会及分技术委员会

委员会（总会及分会）	秘书处挂靠单位
全国电磁兼容标准化技术委员会	中国电力科学研究院
A 分会	中国电力科学研究院
B 分会	上海市计量测试技术研究院
C 分会	中国电力科学研究院

4.4　其他国家和地区的EMC标准化组织

除了之前文中介绍的国际上有关电磁兼容的标准化组织国家电工委员会和国际电信联盟之外，还有其他国家和地区的致力于电磁兼容标准化工作的组织，例如，欧洲电工标准化委员会(CENELEC)、欧洲电信标准协会(ETSI)、美国联邦通信委员会(FCC)和美国标准化协会(ANSI)等。另外德国电气工程师协会(VDE)、英国标准学会(BSI)、日本工业标准调查会(JISC)也是比较有影响力的标准化组织。

4.5　国际国内电磁兼容标准

本节主要介绍国际、国内电磁兼容标准及他们之间的一些联系。在国际上有多个标准化组织涉及EMC领域的标准化工作，其中IEC、ISO和ITU是世界上公认的最权威的三大国际标准化组织，长期以来，他们集合全球最资深的电磁兼容标准化工作者之力，通过其下设的技术委员会或工作组，研发、制定并发布了大量覆盖电子、电气和相关技术领域的电磁兼容国际标准。因我国电磁兼容标准化起步相对较晚，目前我国采用的做法与欧盟类似，即基本采用或参考IEC的CISPR标准，目前我国的电磁兼容标准化属于国际电磁兼容标准化的追随者、追赶者。

我国电子电气和通信类产品电磁兼容方面的国家标准或产品标准绝大部分均等同或修改采用IEC出版物(IEC/CISPR、IEC/TC 77)和ITU-T建议书。ITU-T(国际电信联盟电信标准化部门)中的第5研究组(SG5，电磁环境影响的防护)负责研究电信网和设备对干扰和雷电影响的防护，也包括研究与电信装置和设备(包括移动电话系统)产生的电磁场相关的电磁兼容性、安全性和健康影响等。电信设备产品标准一般由ITU-T负责制定。

IEC制定了电子电气产品和相关技术的电磁兼容国际标准。这些标准通常作为各个成员国制定国内标准的基础或被等同采用，其中CISPR和IEC第77技术委员会是IEC下设的专门制定EMC基础标准、通用标准和产品类标准的两大技术委员会。IEC官方语言为英语及法语。IEC出版物包括5种形式：国际标准(IS)(完全协商一致)、技术规范(TS)(尚未达到完全一致)、技术报告(TR)(与IS/TS不同，说明性成分多于规范性的技术资料)、可公开提供的规范(PAS)和指南(非规范性出版物)。

4.5.1　电磁兼容标准体系

IEC电磁兼容标准体系构架如图4-24所示，由基础标准、通用标准、产品类标准和产品标准4个层次构成，每一个层次都包含电磁兼容两个方面的标准：发射和抗扰度。其中通用标准又进一步按照产品未来的使用环境，将标准要求(限值)分为A类(工业区)和B类(居住和商业区及轻工业区)。

下面对各层次标准做更详尽的解析。

(1)基础标准(Basic Standard)：是指具有广泛的适用范围或包含一个特定领域的通用条款的标准，在某领域中基础标准是覆盖面最大的标准，它是该领域中所有标准的共同基础。EMC基础标准就是出版物规定实现电磁兼容的一般基础条件和规则，是制定其他EMC标准

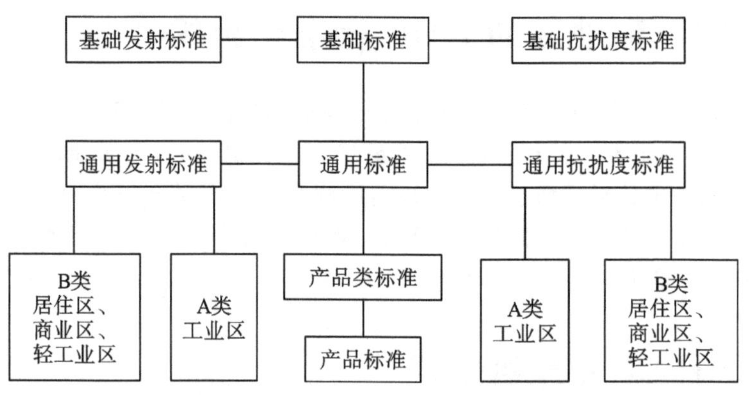

图 4-24　IEC 电磁兼容标准体系构架

的基础，通常作为有关产品委员会制定产品标准的引用文件。基础标准可以是国际标准或技术报告，一般不涉及具体的产品。它包括术语的规定、电磁现象的描述、兼容电平的规定、骚扰发射限值的一般要求、抗扰度电平的推荐、测量技术（含测量设备和设施）、试验方法及其适用性、环境的描述和分类等。CISPR/A、TC77 制定的标准大都属于此类标准，如 CISPR 16 系列、IEC 61000-4 系列。

（2）通用标准（Generic Standard）：通用标准适用于在没有专用产品类和产品 EMC 标准的情况并在特定环境条件下工作的产品。这类标准规定了适用于在该环境下工作的产品或系统的一组基本要求、试验程序和性能判据。通用标准仅规定数量有限的基本发射试验和抗扰度试验、最大的发射电平和最小的抗扰度电平，以实现最佳的性价比。在一般情况下，通用标准将应用环境分为 A 类（工业区）和 B 类（居住区、商业区及轻工业区）两大类。目前广泛应用的 EMC 通用标准是 IEC 61000-6-1/-2/-3/-4，包含两类（A 类和 B 类）发射及抗扰度共 4 个标准。其中 CISPR 负责发射标准的制定和维护，TC77 负责抗扰度标准的制定和维护。

（3）产品类标准（Product-Family Standard）：是指可采用同一标准的一组类似的产品。产品类标准专门针对某类产品规定特定的电磁兼容要求（发射或抗扰度限值）和相对详细的试验程序。产品类标准通常会尽可能引用基础标准，并与通用标准相互协调，当产品类标准与通用标准存在差异时，如当产品类标准规定的发射限值低于通用标准规定的限值，则会就差异性做出必要性及合理性说明。目前大部分产品类标准均由 CISPR 各分技术委员会制定，其产品类别涉及工科医设备、机动车船、家用电器和电动工具、信息技术设备、音视频产品等。

（4）产品标准（Product Standard）：EMC 产品标准涉及其特定条件应予以考虑的特定产品。除产品的特定要求外，产品标准一般采用与产品类标准相同的规则。产品 EMC 标准一般由 IEC 的产品技术委员会制定，如电焊机、不间断电源设备等。

产品和产品类标准通常是在基础标准和通用标准基础上，更为详细的标准。一般来说，标准的层次越低，规定得越详细、明确，针对性越强，操作性和符合性判定就越容易。反之，标准越基础，规定的原则性就越强，标准包容性越大，适用性越广，通用性越强。一般情况产品都会有相应的产品标准，若无相应的产品标准的则采用通用标准，可以由图 4-25 看出它们之间的关系。

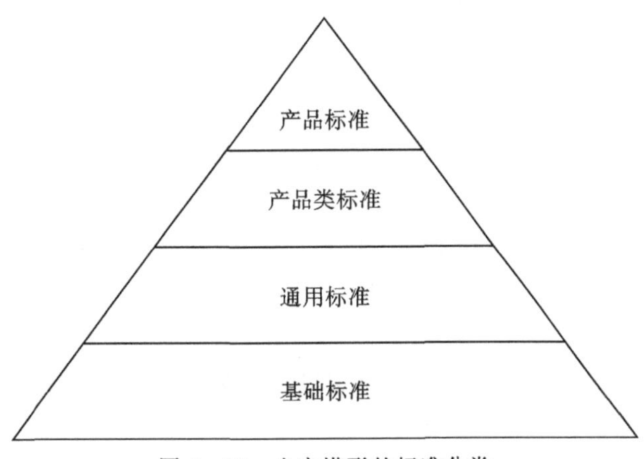

图 4-25 金字塔形的标准分类

4.5.2 IEC/CISPR 标准简介

IEC/CISPR 标准制定的宗旨首先是保护无线电业务和应用以使其免受电磁干扰;其次是致力于促使达成无线电干扰方面的国际协议,促进国际贸易。CISPR 委员会成员的国际化构成使其制定的出版物(Publication)具有广泛的国际性,充分考虑了相关方的利益,因而易于被各国采用。

按照分工授权,IEC/CISPR 负责研究、制定和维护的出版物包括如下:

(1)与测量有关的基础标准,如 CISPR 16 系列标准。

(2)高频(9 kHz 以上)发射通用标准,如 IEC 61000-6-3/-4。

(3)针对 6 类骚扰源(工科医射频设备、声音和电视广播接收机、信息技术设备、家用电器设备、机动车/船和供电系统)的发射和抗扰度产品类标准。

(4)包含有关标准制定的背景资料和实施指南的技术报告,如不确定度等。

IEC/CISPR 出版物已广泛被美国、中国和欧洲等地区采用,它们在消除国际贸易壁垒和产品符合性认证中发挥着重要的作用。

4.5.3 IEC/TC77 标准简介

按 IEC 的分工,TC77 电磁兼容技术委员会的主要任务是为 IEC 的电磁兼容专家及产品委员会制定基础标准,即 IEC 61000 系列标准。该系列标准的内容涉及电磁环境描述和分类、低频发射/抗扰度限值、相应的试验程序和测量技术规范,以及静电、放电和核电磁脉冲(HEMP)。

IEC 61000 系列标准分为以下 6 大部分:

第 1 部分 总则;

第 2 部分 环境;

第 3 部分 限值;

第 4 部分 试验与测量技术;

第 5 部分 安装和减缓导则;

第 6 部分 通用标准。

4.5.4 中国 EMC 标准

在我国，专门负责制定电磁兼容国际标准的标准化技术委员会有两个，即全国无线电干扰标准化技术委员会(SAC/TC 79)和全国电磁兼容标准化技术委员会(SAC/TC 246)。由这两个技术委员会归口管理的电磁兼容国家标准主要参考 IEC/CISPR 和 IEC/TC 77 出版物制定，因此其基本框架与国际标准框架类似。根据 GB/Z 18509—2016《电磁兼容 电磁兼容标准起草导则》，将我国的电磁兼容标准分为四类，即基础标准、通用标准、产品类标准、产品标准。

(1)基础标准：基础标准给出了关于实行 EMC 一般的基本条件或规则，并作为有关标准化技术委员会的参考文件。在现行的国家标准中的电磁兼容名词术语定义、通用的测量设备和设施的技术规范及校准/确认方法、基本的电磁兼容和抗扰度测量方法等都属于基础标准，如规定无线电骚扰和抗扰度测量设备和测量方法规范的 GB/T 6113 系列标准，以及规定抗扰度基本测试方法的 GB/T 17626 系列标准等。

(2)通用标准：通用标准适用于在没有专用的产品类/产品标准的情况下在特定环境中工作的产品。这类标准规定了工业环境下工作的产品或系统的一组基本要求、试验程序和一般性的性能判据。规定环境包括工业环境、居民区、商业区及轻工业环境等。

(3)产品类标准：对 EMC 来说，产品类是指可以采用相同标准的一组类似产品。产品类标准就是专门为各大类电子电器产品制定的标准，如 GB/T 9254.1—2021、GB 4343.1—2018 等。

(4)产品标准：与特定类型产品有关的产品 EMC 标准，一般考虑到这类产品有关的特色条件，如 GB/T 18499—2008。

通用标准可视为一般通则，其中包括测试项目，所使用的基础标准、测试要求及判定准则等，如 GB/T 17799.1—2017、GB 17799.3—2012 等。只有当被测样品并没有任何产品标准可依循时，方可引用通用标准。

有产品标准可依循时，则可根据产品不同，引用不同的标准。一般而言，在产品标准中会详细记载该类产品的测试项目，所使用的基础标准、测试要求及判定准则，如 GB/T 17773—2021、GB/T 18595—2014 等。

基础标准是最基层的标准，内容包括规范测试场地的设立、测试仪器的特性及测试方法，是进行测试时的依据，如 GB/T 17626 系列。

根据标准考核产品的电磁兼容性能不同将电磁兼容标准分为电磁发射标准和电磁抗扰度标准。电磁发射标准通常是考核产品对外的电磁发射的大小；抗扰度标准考核的是产品的抗干扰性能。

在国内，根据实施的要求不同，国标将电磁兼容分为强制性标准(以 GB 字头开始)、推荐性标准(以 GB/T 字头开始)、专业指导性标准(以 GB/Z 字头开始)。强制性标准是适用于该标准的所有产品必须要达到的标准；推荐性标准是建议适用于该标准的产品达到的标准，专业指导性标准适用于专业产品，还有设计方法、安装等。在国内，一般来说电磁发射标准多为强制性标准，电磁抗扰度标准多为推荐性标准。

4.5.5 欧盟EMC指令

1995年IEC在瑞士日内瓦召开电磁兼容标准研讨会，IEC各国家委员会、各技术委员会及有关国际组织约160人出席，中国也派出代表参加会议。会议的主要内容之一是向代表介绍欧盟的EMC指令。由于从1996年1月1日起所有投放欧盟市场的产品必须符合EMC指令，IEC的这次会议是从技术上给各国对其进行系统的介绍。现在，凡是出口到欧洲的厂商都知道产品必须满足欧盟指令，这个是进入欧盟的“敲门砖”。

其实，早在1989年欧共体官方公报(Official Journal of the European Community)上就颁布了一项89/336/EEC指令，即欧共体EMC指令。该指令自1989年颁布后历经十多年的执行而逐步完善。在此基础上，欧盟于2004年在欧盟官方公报上颁布了一项2004/108/EC指令，这是重新修订后的欧盟EMC指令，也一直沿用到今天。依据欧盟EMC指令2004/108/EC进行相关的试验、程序，获得CE证书，粘贴CE标志，才可以在欧盟市场销售。

在欧盟市场“CE”标志属强制性认证标志，不论是欧盟内部企业生产的产品，还是其他国家生产的产品，要想在欧盟市场上自由流通，就必须加贴“CE”标志，以表明产品符合欧盟《技术协调与标准化新方法》指令的基本要求。这是欧盟法律对产品提出的一种强制性要求。

4.6 电磁兼容标准测试内容

通过前面章节介绍我们知道，任何电磁兼容问题都离不开电磁骚扰源、传播途径和敏感设备这三个要素，如图4-26所示。对一台电子设备而言，其本身可能既是电磁骚扰源，又是敏感设备。简单地说，电子设备本身既可能干扰别的设备，又可能受到别的设备干扰。原因是设备工作时本身会产生一定的干扰，这种干扰信号会通过一定的传播途径(导线传输或空间辐射)，对敏感设备造成干扰；同时电子设备本身也处于一个公共的电磁环境中，可能会受到周围其他电子设备的干扰。

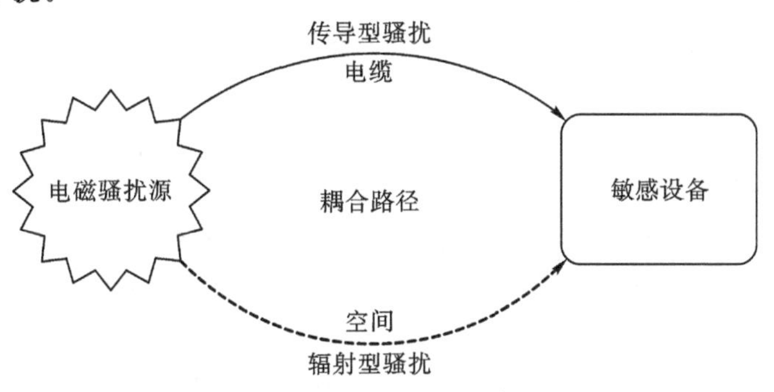

图4-26 电磁兼容三要素机理

在我们现代家庭生活中，智能马桶已经被广泛用于各个家庭，可以说与我们的生活密切相关。在使用智能马桶时，都或多或少地对周围的电磁环境产生骚扰，甚至可能会影响到家里的电视机、手机及其他电子设备的正常工作。尤其是近年来，智能马桶功能越来越复杂，智能化和网络化已成为发展趋势。因此为了保护电磁环境，使智能马桶与周边其余的电子设备能够“和平共处”，从而保证人们能正常地收看电视、收听广播、接听电话、网上冲浪等，通常我们对智能马桶提出两方面的要求，一是在工作时不会对外界产生不良的电磁干扰影响，二是不能对外界的电磁干扰过度敏感。前一方面称为电磁发射要求，后一方面称为电磁抗扰度要求。也就是要求所使用的电子产品本身向外辐射的骚扰水平必须低于某个规定的限值；同时其承受周围电子电气设备干扰的水平应该高于某个规定的限值，以免出现与别的电子电气设备相互骚扰的情况。

4.6.1 电磁发射测试

通俗地讲，电磁发射测试就是用一台 EMI 测量接收机，利用一定的传播途径(导线传输或空间辐射)，将产品向外发射的电磁干扰信号接收后与标准所规定的限值进行比较，以评估该产品是否会对周围电子设备造成不良干扰影响，如图 4-27 所示。

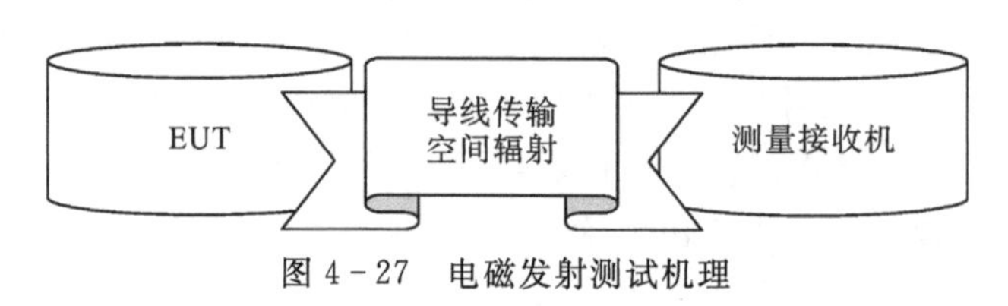

图 4-27 电磁发射测试机理

对于智能马桶而言，依据 GB 4343.1—2018 所要进行的电磁发射测试有端子骚扰电压测试、骚扰功率测试、辐射骚扰测试和喀哳声测试，其中端子骚扰电压测试、骚扰功率测试、辐射骚扰测试为连续骚扰测试，喀哳声测试则为断续骚扰测试。

4.6.2 骚扰限值

智能马桶的骚扰限值分为连续骚扰限值和断续骚扰限值，其中连续骚扰限值包括端子电压限值、骚扰功率限值和辐射骚扰限值。

带换向器电动机及装在智能马桶内的其他装置可能会引起连续骚扰。连续骚扰可能是宽带的，如机械开关、换向器和半导体调节器等开关装置引起的；也可能是窄带的，如微程序器等电子控制装置引起的。这些骚扰主要通过智能马桶的电源线传导和辐射，即端子骚扰电压测量和骚扰功率测试。

而安装在智能马桶里的某些装置产生的骚扰可能通过其连接线缆或端口向周围环境辐射，因此要进行辐射骚扰测量。

智能马桶作为恒温控制的器具、程序自动控制机器、其他电气控制或操作器具，其开关操作会产生断续骚扰，断续骚扰影响随着其出现的重复率和幅度而发生变化。

当采用 GB 4343.1—2018 规定的方法测量时，射频骚扰电平应不大于该标准中规定的限值。在两个频率范围的重叠处，应采用较严格的限值。对于批量生产的智能马桶产品，至少有 80％的产品以 80％的置信度满足限值的要求。也就是说，被判定为合格的一批产品并不意味着每一台的发射都满足限值要求，而是 80％的产品不超过标准规定的限值，且置信度不低于 80％。为了简便起见，产品认证检验通常只在一台样品上进行。

4.6.3 电磁抗扰度测试

电磁抗扰度测试基本原理是通过模拟自然界和人为产生的电磁骚扰类型，对智能马桶施加有用试验信号和无用试验信号，来评估产品在电磁骚扰状态下是否能正常工作。抗扰度测试基本原理如图 4 - 28 所示。

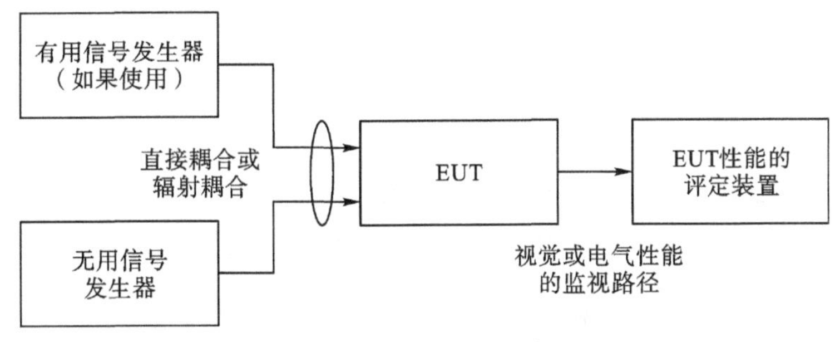

图 4 - 28 抗扰度测试基本原理

1. 模拟骚扰源

需要模拟的骚扰源,包括我们所熟悉的来自自然界的自然骚扰源,如雷电、宇宙空间电磁骚扰、静电、半导体的热噪声等,和我们人为引起的骚扰源,如手机辐射、电网干扰、电压波动等。电磁骚扰源如图 4 - 29 所示。

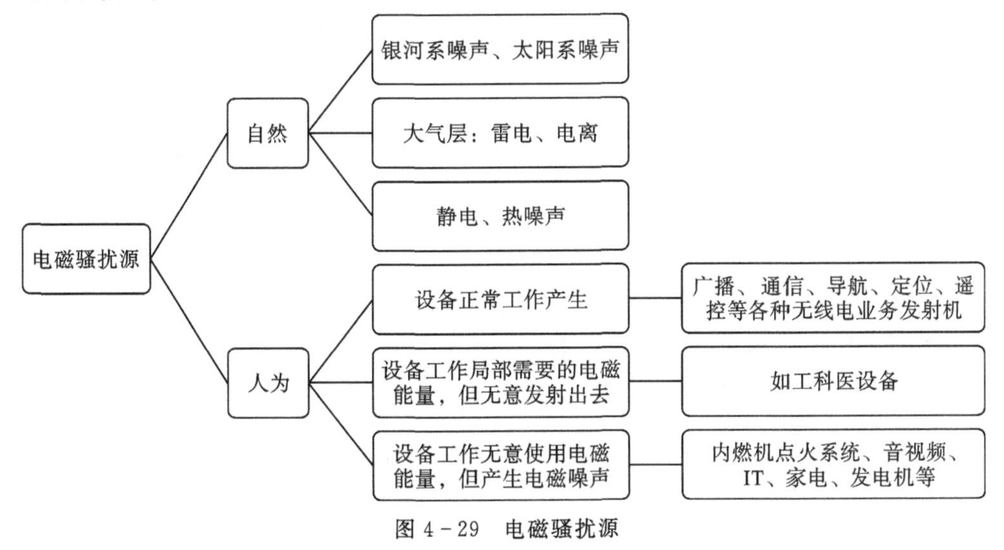

图 4 - 29 电磁骚扰源

2. 耦合路径的选择

耦合路径依据骚扰信号频率的不同,分为传导耦合和辐射耦合两种方式。对于低频(150 kHz~80MHz)的射频信号,由于其波长比智能马桶尺寸要长得多,智能马桶的互连电缆(包括电源线和信号线)比智能马桶本身更容易成为天线而接收电磁场。因此,测量时,这些频段通常采用传导方式注入电磁干扰更直接。对于高频(80 MHz~1 GHz 或更高)的射频信号,由于其波长比智能马桶尺寸要小,通常会通过空间传播。因此这些频段通常采用空间辐射的注入方式进行测量。常用的抗扰度测试项目和耦合路径的对应关系如图 4 - 30 所示。

3. 耦合端口的选择

耦合端口的选择是标准中重要的一环。这是抗扰度项目最终实施并作用到产品的最后要素。也是我们选择测试项目很重要的一个依据。标准中端口的描述如图 4 - 31 所示。

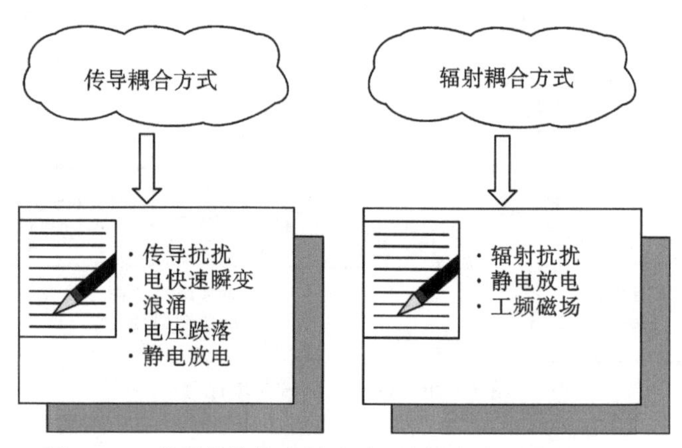

图 4-30 常用的抗扰度测试项目和耦合路径的对应关系

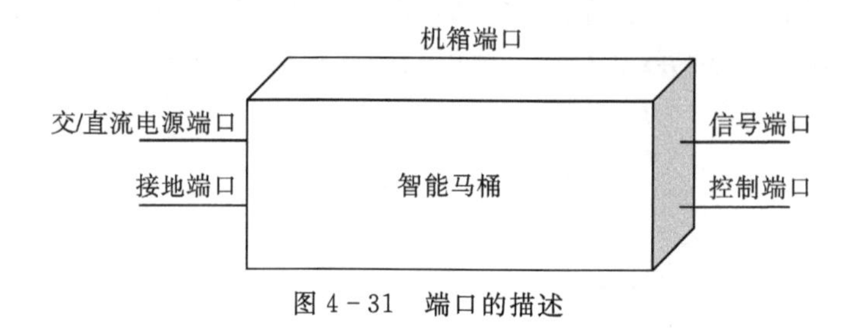

图 4-31 端口的描述

4.6.4 抗扰度一般测量方法

1. 电磁抗扰度测试的几个要素

如图 4-32 所示，电磁抗扰度测试包含 4 个要素。不同产品的抗扰度测试项目都是基于这个要素来规定的，智能马桶产品也不例外。

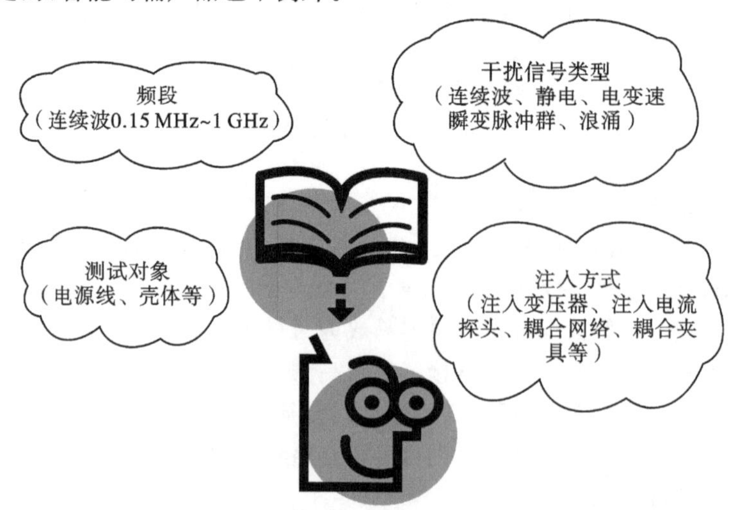

图 4-32 智能马桶产品抗扰度测试要素

2. 测试基本方法

如图 4-33 所示，测试的基本方法是将骚扰信号注入导线或端口，并增加骚扰电平，直至观察到规定的性能降低类别或达到规定的抗扰度电平。

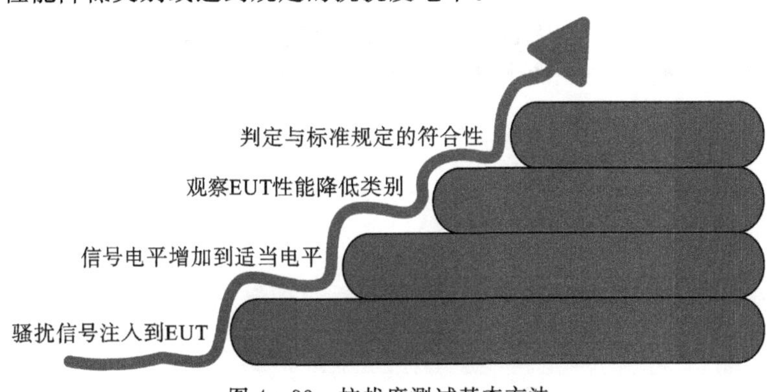

图4-33 抗扰度测试基本方法

将以上方法细化，对于智能马桶产品抗扰度适用项目如图4-34所示，性能判定的具体方法见后续的测试章节。

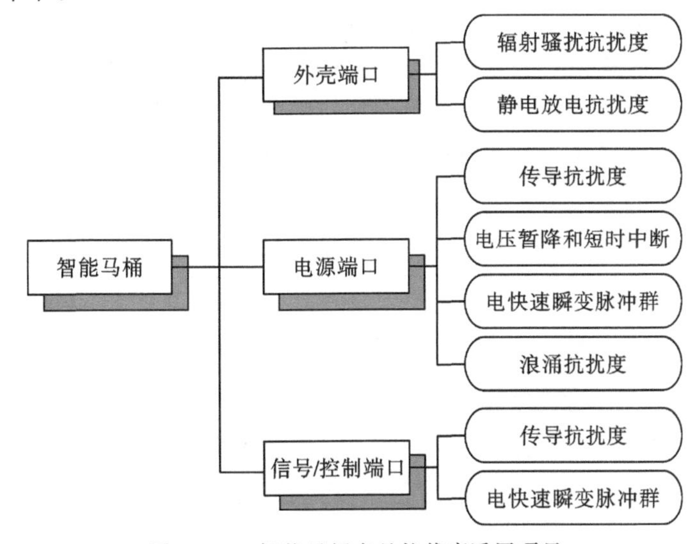

图4-34 智能马桶产品抗扰度适用项目

第 5 章　智能马桶电磁发射测试

5.1　智能马桶相关电磁兼容标准

近年来，随着我国电子信息技术的不断进步，出现了更多结构复杂的家用电器，大部分家用电器属于电磁干扰的接收与发生体，这也使得我们生存的环境中存在极为复杂的电磁骚扰。

智能马桶的电磁兼容测试，目前没有专门的标准体系，依据的是家用电器、电动工具和类似器具的电磁兼容要求，按照该产品类标准规定的试验限值和试验等级，按照相应的基础标准规定的试验方法，进行相关的电磁兼容项目测试。智能马桶相关的电磁兼容测试标准及测试项目如表 5－1 所示。

表 5－1　智能马桶电磁兼容测试标准与测试项目

测试标准	测试项目
GB 4343.1—2018	端子骚扰电压、骚扰功率、辐射骚扰
GB/T 4343.2—2020	静电放电、电快速瞬变、注入电流、射频电磁场、浪涌、电压暂降和短时中断
GB 17625.1—2012	谐波电流发射
GB/T 17625.2—2007	电压变化、电压波动和闪烁

智能马桶的电磁发射采用 GB 4343.1—2018 标准，电磁抗扰度采用 GB/T 4343.2—2020 标准。GB 17625.1—2012 是谐波电流发射的标准，GB/T 17625.2—2007 是电压变化、电压波动和闪烁的标准，智能马桶作为接入电网的家用电器产品，这两个项目也在考核范围内。

5.2　智能马桶电磁发射标准解析

标准 GB 4343.1—2018 是一个强制性标准，该标准等同采用国际标准 CISPR 14—1:2011，标准由全国无线电干扰标准化技术委员会（SAC/TC79）归口，负责对接 CISPR/WG1。目的是对智能马桶的射频骚扰电平建立一个统一的要求，确定骚扰限值，描述测量方法并使运行条件和结果的分析标准化。

GB 4343.1—2018 规定的是智能马桶产品的电磁发射水平。电磁发射是智能马桶产品正常运行产生的副产物，是智能马桶产品正常运行时对电磁环境的污染，可以认为 GB 4343.1—2018 标准是电磁环境保护标准，确定为强制性标准是非常必要的。

电磁污染其实和噪声污染有一点像，就是即时性，在智能马桶产品运行时才产生和排放，产品一旦停止运行，污染就停止了，不同于水和空气污染，会滞留、积累。电磁污染的主要受害者是附近的设备，一般对人体影响不大。

根据GB 4343.1—2018标准，需对样品在150 kHz～1000 MHz的射频骚扰进行测量。在30 MHz以下的射频骚扰主要是通过电源线传输的，因此采用骚扰电压法测量150 kHz～30 MHz的射频骚扰。在30 MHz以上的频率段，射频骚扰主要以辐射的方式发射，所以在30 MHz～300 MHz范围内用骚扰功率法测量射频骚扰，也可以用暗室法测量30 MHz～1000 MHz频段。可以选择是测量骚扰功率或者辐射骚扰。若选择测量骚扰功率，样品发射值低于骚扰功率限值，满足时钟频率小于30 MHz且在200 MHz～300 MHz频率范围满足相应裕量要求，则认为该样品在300 MHz～1000 MHz频率范围满足要求，若不满足任意一个条件，则需测量300 MHz～1000 MHz频率段内的辐射，并根据辐射限值判断样品是否合格。智能马桶对应的GB 4343.1—2018标准测试项目与测试频段如表5-2所示。

表5-2 智能马桶电磁发射测试项目与测试频段

试验项目	测试频段
端子骚扰电压	150 kHz～30 MHz
骚扰功率	30 MHz～300 MHz
辐射骚扰	30 MHz～1000 MHz

5.3 智能马桶电磁发射测试设备

智能马桶电磁发射测试设备主要有，测量接收机、人工电源网络、功率吸收钳、吸收钳滑轨、接收天线、纯净电源、谐波分析仪。

5.3.1 测量接收机

测量接收机是电磁兼容测试设备中使用最频繁、也是最关键的设备，电磁发射项目均需要使用测量接收机来接收和分析骚扰信号。进行端子骚扰电压测试时，人工电源网络的输出端需要连接到测量接收机；进行辐射骚扰测试时，接收天线需要连接到测量接收机。可以说，测量接收机是一个测试系统的核心部分，相当于人的大脑。它实质上是一种选频电压表，能够将传感器(人工电源网络、阻抗稳定网络、功率吸收钳、电流探头、电压探头和接收天线等)输入的干扰信号中预先设定的频率分量以一定通频带选择出来，予以显示和记录，连续改变设定频率便能得到干扰信号的频谱。我们可以把测量接收机看作一个可调谐的、可改变频率的、可精密测量幅度的电压表。测量接收机实物如图5-1所示。

对于有自动测试功能的测量接收机，采用微处理器进行控制，有宽频带自动校准、频率设置和自动扫描的功能。可以通过接口与计算机配合，由计算机实行管理，还可经由打印机和绘图仪输出测试结果。

针对不同测试项目，测试标准可能会给出不同检波器方式对应的限值，因此也就要求测量接收机具有多种检波方式，能够使用多种检波器对干扰信号进行测量。传统的检波器有三种：

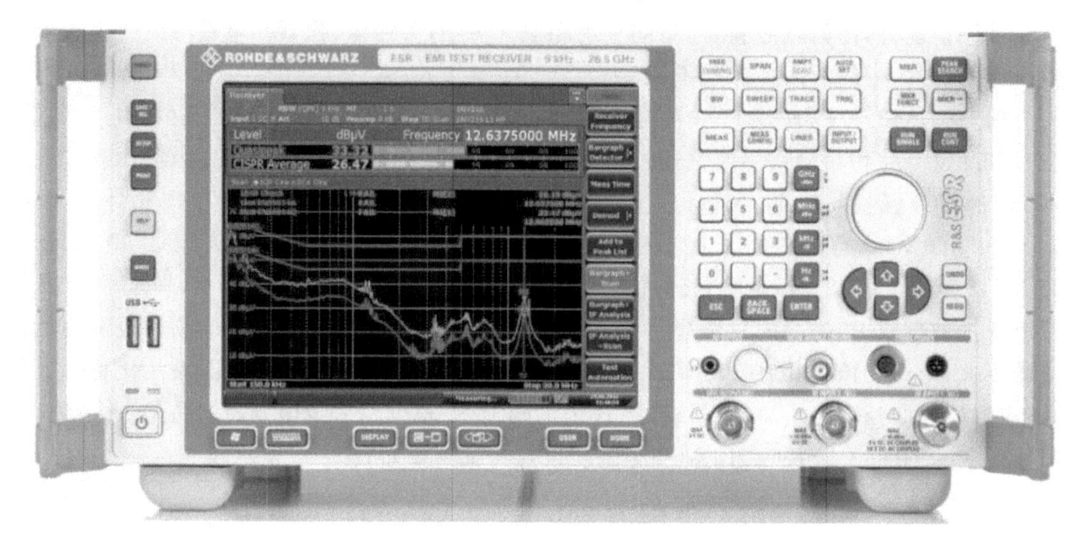

图 5－1　测量接收机实物

平均值(average，AV)检波器、峰值(peak，PK)检波器、准峰值(quasi-peak，QP)检波器。

几种检波方式的各自特点如下。

(1)平均值检波：其最大特点是检波器的充放电时间常数相同，特别适用于对连续波的测试。

(2)峰值检波：它的充电时间常数很小，即使是很窄的脉冲也能很快充电到稳定值。当中频信号消失后放电时间常数很大，检波的输出电压可在很长时间内保持在峰值上。

(3)准峰值检波：这种检波器的充放电时间常数介于平均值与峰值之间，在测量周期内的检波器输出既与脉冲幅度有关，又与脉冲重复频率有关，其输出与干扰对听觉造成的效果相一致。

采用准峰值检波是民用电磁发射测试的特点。由于民用的电磁兼容产品族标准都是从国际无线电干扰标准化特别委员会所颁发的标准转化过来的，这些标准都是为了保证通信和广播的畅通而编制的，因此骚扰对通信和广播的影响最终都是由人的主观听觉效果来判断，平均值检波和峰值检波都不足以描述脉冲的幅度、宽度和频度对听觉造成的影响，而必须用准峰值检波，只有准峰值检波才比较符合人耳对声音的反应规律。

几种不同检波方法的应用如图 5－2 所示，由图可以看到，测量中先用峰值测量法对整个试验频段进行扫描，如果峰值测量已经低于准峰值和平均值测量限值，则相应频段的准峰值和平均值检波测量可以不做，被测试设备即通过试验。这是因为在三种检波测量中，峰值检波的测量速度最快(在测量频率范围内，所花的测量时间为最少)，而得到的测量值总是最高，因此当峰值检波的测量值已经低于标准所规定的准峰值和平均值限值时，被测试设备自当通过所有试验，而不存任何疑虑。只有峰值测量高于准峰值和平均值限值的部分，才要补做准峰值和平均值的测量。这一试验方法对于提高试验效率十分有效。在整个测量中，只有峰值或准峰值低于平均值限值时，试验才可停止，否则还应继续进行平均值测量。

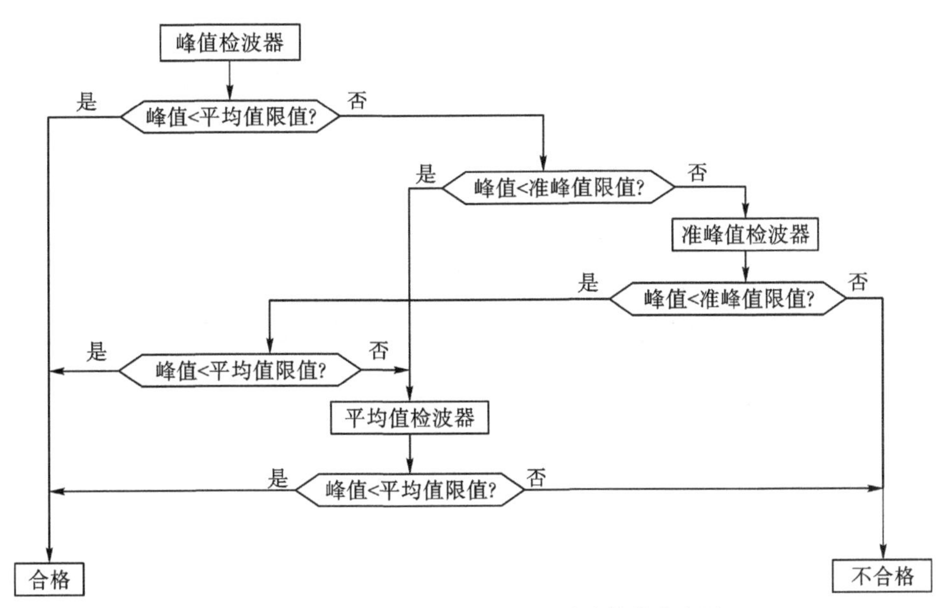

图 5-2　几种不同检波方法在测试中的综合应用

5.3.2　人工电源网络

人工电源网络(Artificial Main Network)又称线路阻抗稳定网络，是重要的电磁兼容测试设备，主要用于测量受试设备沿电源线向电网发射的连续骚扰电压。人工电源网络的实物如图 5-3 所示。

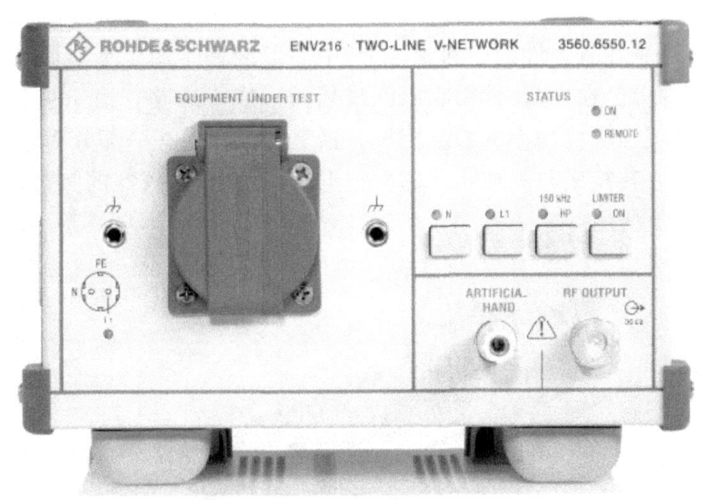

图 5-3　人工电源网络实物

对于每根电源线人工电源网络都配有 3 个端口：连接供电电源的电源端、连接受试设备的设备端和连接测试设备的骚扰输出端。人工电源网络的原理图如图 5-4 所示，其插在电网与受试设备之间，功能有以下四项：

(1)为市电提供通路。由于靠近电网这一侧的电感甚小，不足以在市电频率下形成大的阻抗，因此市电可畅行无阻地为试品提供电能，同时电网侧的电容还能进一步衰减来自电网的干扰信号。

(2)隔离受试设备产生的射频电磁骚扰。利用网络电感在射频下的高阻抗,阻止由受试设备产生的射频骚扰信号进入电网。

(3)通过靠近受试设备一侧的耦合电容转接由受试设备产生的射频骚扰信号至测量接收机。

(4)稳定阻抗:由于各个电网的阻抗不同,使得试品骚扰电压的值也各不相同。为此,标准规定了一个统一的阻抗(50 Ω),以便于测试结果的相互比较。如图 5-4 所示,在受试设备的端子(通过耦合电容)与参考地之间提供了一个稳定阻抗,在耦合电容下方接了一个 1 kΩ 的电阻,它与测量接收机的输入端并联。由于接收机的输入阻抗是 50 Ω 的,故受试设备的负载阻抗近似 50 Ω。

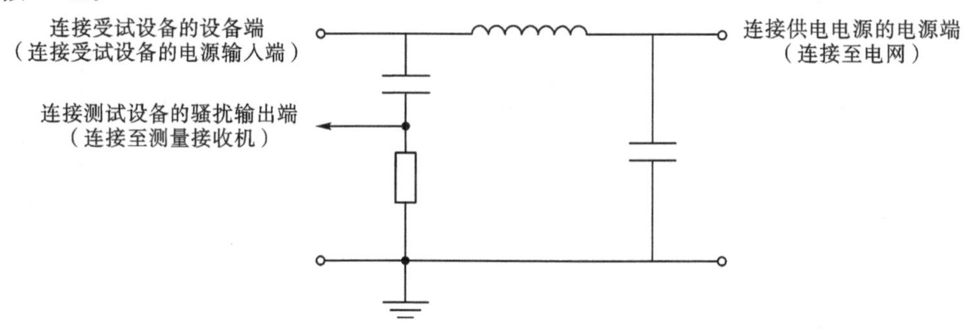

图 5-4 人工电源网络的基本原理

5.3.3 功率吸收钳

功率吸收钳的塑料壳由两部分组成,每部分有一组铁氧体半圆环,两部分闭合时构成一个整体。铁氧体半圆环装在有弹性的塑料支架上,中间形成一个用于通过骚扰源的电源线的管道。将吸收钳的两部分合在一起,即可在电源线周围形成一磁路。由于被测量的电源线被铁氧体包围,铁氧体则成为骚扰功率的损耗阻抗。铁氧体圆环中有一部分为电流互感器,用来测量流过的骚扰电流,并转换成与其成正比的次级电压,该电压由校准的测量接收机测量。功率吸收钳实物如图 5-5 所示。

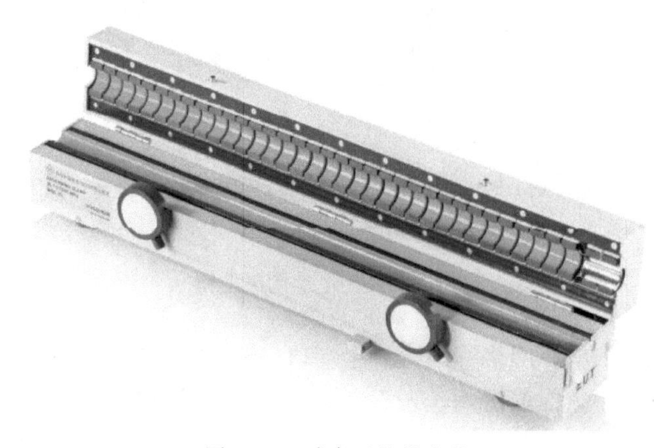

图 5-5 功率吸收钳实物

功率吸收钳主要包括以下 3 个组成部分，如图 5-6 所示。

(1)宽带射频电流变换器，电流变换器的铁芯为两个或三个铁氧体环，电流变换器的次级线圈由单匝环绕铁氧体环的小型的同轴电缆组成并按图 5-6 所示连接。

(2)宽带射频功率吸收体和受试线的阻抗稳定器。

(3)吸收套筒，即铁氧体环的附件，用来减小来自电流变换器到测量接收机的同轴电缆表面的射频电流。

同轴电缆经过一个 6 dB 衰减器，并通过吸收套筒至吸收钳上的同轴终端。电流变换器和功率吸收体紧密安装在一起，并沿着同一轴线方向，使其能够沿着受试线移动。

吸收钳参考点(CRP)标识出钳中电流互感器的前边缘的纵向位置。该参考点用于测试过程确定钳的位置。CRP 应标识在吸收钳外壳上。使用合适的铁氧体制成的吸收钳，同室频率可覆盖 30 MHz～1000 MHz 的频率范围。

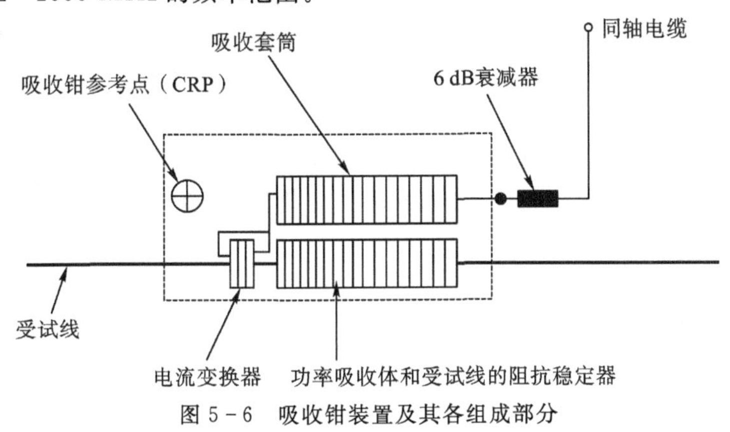

图 5-6 吸收钳装置及其各组成部分

5.3.4 吸收钳滑轨

吸收钳滑轨的长度应确保在最低频率 30 MHz 时，吸收钳的移动距离能测得最大的骚扰功率，吸收钳滑轨的长度应为(6±0.05)m，滑轨实物如图 5-7 所示。

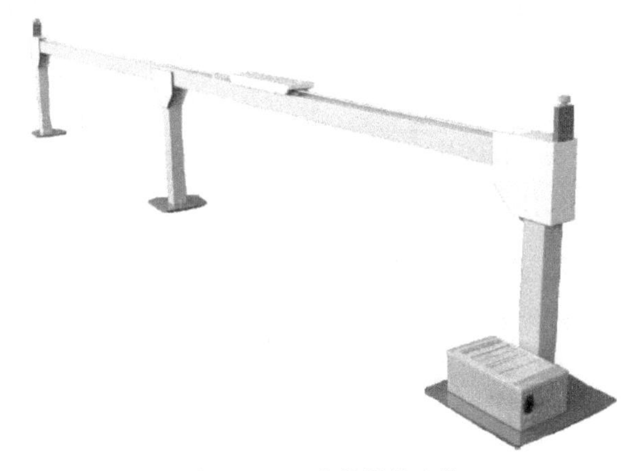

图 5-7 吸收钳滑轨实物

理论上，吸收钳滑轨的长度由吸收钳最大移动长度(30 MHz 时超过半波长 5 m)，SRP(滑轨参考点)与 CRP 之间的距离(0.1 m),吸收钳的长度(0.7 m)和末端引线固定的余量(0.1 m)之和来确定。这就需要吸收钳滑轨的总长度为 5.9 m。考虑到复现性,吸收钳滑轨的长度定为 6 m。吸收钳的移动距离应为 5 m,因此,CRP 相对于 SRP 在 0.1～5.1 m 范围内移动。

5.3.5 接收天线

天线是辐射发射试验的接收装置,它的主要作用是用来发射或接收电磁波,在受试设备周围一定空间内产生规定的电场或磁场场强或接收来自受试设备的辐射骚扰场强。

天线是一种能量转换器,当天线用于发射时,它将传输线送来的高频电流转变成空间的电磁波;当天线用于接收时,它将空间的电磁波转变成传输线中的信号功率。这两种能量的转换过程是可逆的,因而,接收和发射天线具有互易性。

天线的种类有很多,按照不同的标准分类,可将天线分成不同类型,如按工作频段分类,可分为短波天线、超短波天线、微波天线等;按对电场和磁场分量的响应不同可分为电场天线和磁场天线;按天线发射的电磁波的极化特性不同可分为线极化天线和面极化天线等。下面对常见的天线做简单介绍。

(1)双锥天线:其工作频率一般在 30 MHz～300 MHz,属于宽带天线。该天线在测量时不需要进行长度调节,可以在整个频率范围内连续接收信号,是电磁兼容测量中常用的天线之一,如图 5-8 所示。

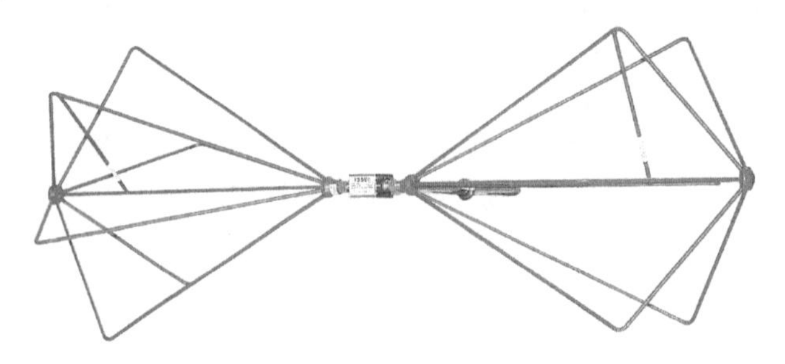

图 5-8 双锥天线

(2)对数周期天线:其工作频率一般在 200 MHz～1000 MHz,属于宽带天线,是电磁兼容测量中常用的天线之一,如图 5-9 所示。

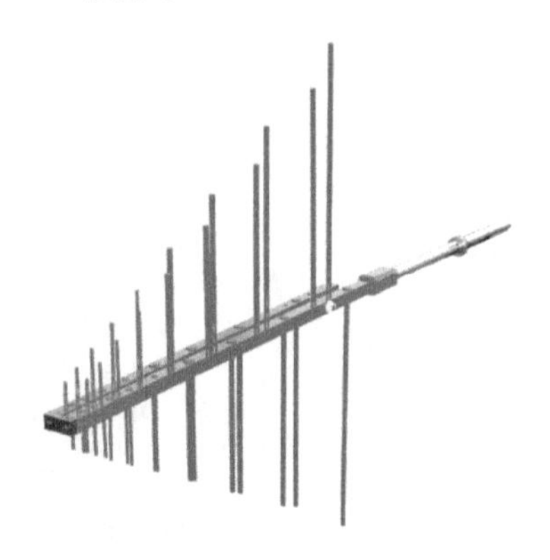

图 5-9 对数周期天线

(3)宽带复合天线:双锥天线和对数周期天线结合起来使用刚好覆盖整个频段,但需要在测量过程中更换天线。故而出现了双锥天线和对数周期天线的组合体——宽带复合天线,用来代替双锥天线和对数周期天线,如图5-10所示。

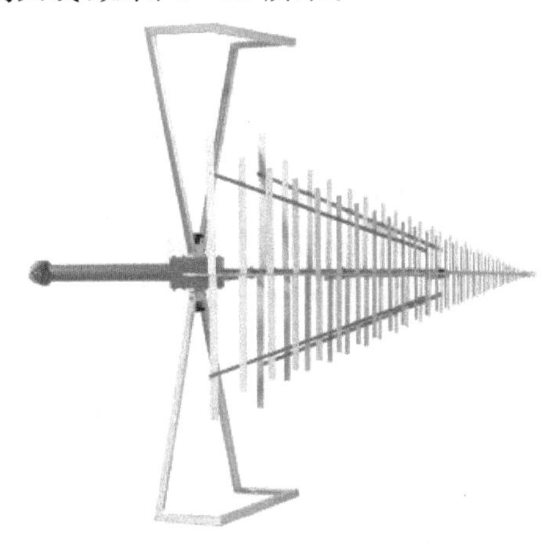

图5-10　宽带复合天线

辐射骚扰测量分为1 GHz以下辐射骚扰和1 GHz以上辐射骚扰两部分。对于1 GHz以下的辐射骚扰,标准要求测量频率范围为30 MHz～1000 MHz。

辐射骚扰测试一般选择宽带复合天线进行。宽带复合天线带宽较宽,一般可以覆盖30 MHz～1000 MHz的频率范围,在测量过程中不用更换天线,提高了测量速度和效率。但其缺点为电压驻波比很难在整个频段都做得很好。

5.3.6　纯净电源

纯净电源的作用是产生一个没有谐波的50 Hz交流电源,这样可以保证检测到的谐波完全是由EUT产生的。纯净电源实物如图5-11所示,其具体要求如下:

(1)输出电压稳定度在±2.0%以内,频率稳定度在±0.5%以内。

(2)三相电源应保证两两相之间的相角为120°±1.5°。

图5-11　纯净电源实物

(3)带载时输出电压 2～40 次谐波分量不得超过 GB 17625.1 第 A.2(C)所规定之比例。

(4)输出电压峰值应为其有效值的 1.40～1.42 倍，并应在过零点后 87°～93°达到峰值。

5.3.7 谐波分析仪

谐波分析仪的作用是分析供电电流中的谐波成分，根据 IEC 61000-4-7:2009 的要求，仪器的主体包括以下部分：带有抗混叠滤波器的输入电路；包含了取样和保持单元的 A/D 转换器；如果需要，还有同步单元和加权窗形状单元；提供傅里叶系数的 DFT 处理器；再由电流或电压的特殊评估部分补充完全。谐波分析仪实物如图 5-12 所示。

按照标准的规定，谐波分析仪的测量要满足一定的精度，而且其测量要有可重复性，允许的谐波分析仪的最大读数误差为 5%。

图 5-12 谐波分析仪实物

5.4 端子骚扰电压

智能马桶在工作时所产生的电磁骚扰，主要是由于其内部的各种电子线路、开关电源、电动机、机械开关和保护器的动作所形成的。骚扰按其传播途径，主要有沿电源线、信号线传播的传导骚扰，和向周围空间发射的辐射骚扰。前者用骚扰电压度量，后者则用骚扰功率和辐射场强度量。

端子骚扰电压测试包括电源端骚扰电压测试、负载端骚扰电压测试和控制端骚扰电压测试。基于智能马桶一般只使用电源导线，本节主要介绍电源端子骚扰电压。

电源端子骚扰电压测试项目考核的是智能马桶正常工作时对同一公共电网中其他用电设备的无线电骚扰。测试时，在 150 kHz～30 MHz 频率范围内，分别测量智能马桶每根电源线和参考地之间的骚扰电压。电源端子骚扰电压测量原理如图 5-13 所示。

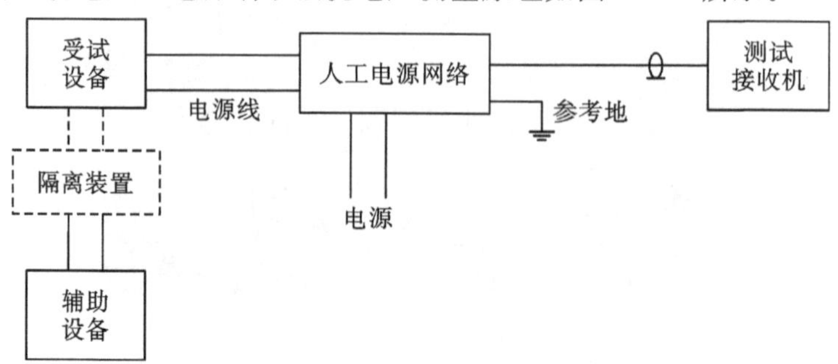

图 5-13 电源端子骚扰电压测量原理

通过人工电源网络分别进行L、N线上的端子骚扰电压采样，人工电源网络一方面给智能马桶供给经过滤波的工频供电电压；另一方面，为智能马桶内部产生的骚扰信号提供标准射频阻抗负载，从而使10 dB脉冲限幅器的输入端获得良好一致性的测试电流信号，之后信号通过脉冲限幅器网络至测量接收机以读取骚扰电压值。从该测试原理分析不难得出结论，要获得准确性高的端子骚扰电压测试值，关键是要获得符合标准要求的测试电流信号并且准确地对其测量。

5.4.1 试验限值

标准GB 4343.1—2018要求测试时需要对准峰值、平均值进行测试，因此标准对准峰值和平均值分别规定了其限值，如表5-3所示。智能马桶要通过公共电网供电，应该满足该限值要求。

表5-3 端子骚扰电压限值

频率范围/MHz	在电源端子上	
	准峰值/dB(μV)	平均值/dB(μV)
0.15～0.50	66～56	59～46
0.50～5	56	46
5～30	60	50

注：准峰值和平均值随频率的对数线性减小。

另外，标准还规定当用准峰值检波器测量的结果不超过平均值时，可以不测量平均值。因此在实际测试时通常可以先测量准峰值，如果测量结果不超过相应频率的平均值限值，则不需要再进行平均值测量；否则，需要再进行平均值测量。当然也可以同时测量准峰值和平均值。

测试完后需要对智能马桶进行符合性判定，如果不考虑测量不确定度，则只要直接将测量值与表5-3中的骚扰限值进行比较。如果测试的准峰值和平均值同时满足其各自相应限值要求，就可判定为“符合”；否则判定为“不符合”。或者，当使用准峰值检波器得到的测量结果已经满足了平均值限值的要求，也可判定为“符合”。

5.4.2 试验设备及布置

端子骚扰电压的试验设备主要有测量接收机和人工电源网络。

下面将分体式智能马桶简称为分体机，一体式智能马桶简称为一体机，分体机按照台式设备试验布置，一体机按照落地式设备试验布置，后续的章节均如此，不再赘述。

5.4.2.1 台式设备试验布置

分体机放在一个40 cm高的绝缘材料试验台上，使其底部高出接地平面40 cm，如图5-14所示。接地平面通常是屏蔽室的某个墙面或地板，它也可以是一个至少为2 m×2 m的接地金属平板。

分体机的电缆应从试验台的后边沿垂落。如果下垂的电缆与水平接地平板的距离小于40 cm，则应将超长部分在其中心折叠捆扎成不超过40 cm的线束，以便其与水平参考接地平板最近的部分，至少在水平参考接地平板上方40 cm。

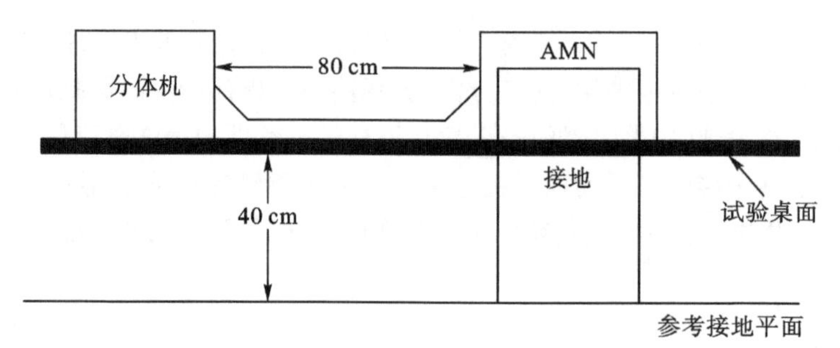

图 5-14　分体机和人工电源网络的配置

分体机及外部设备的后部都应排成一排，并与试验台面的后部齐平。试验台面的后部应与接到地平面上的垂直导电平面相距 40 cm。台式设备试验布置图如图 5-15 所示。

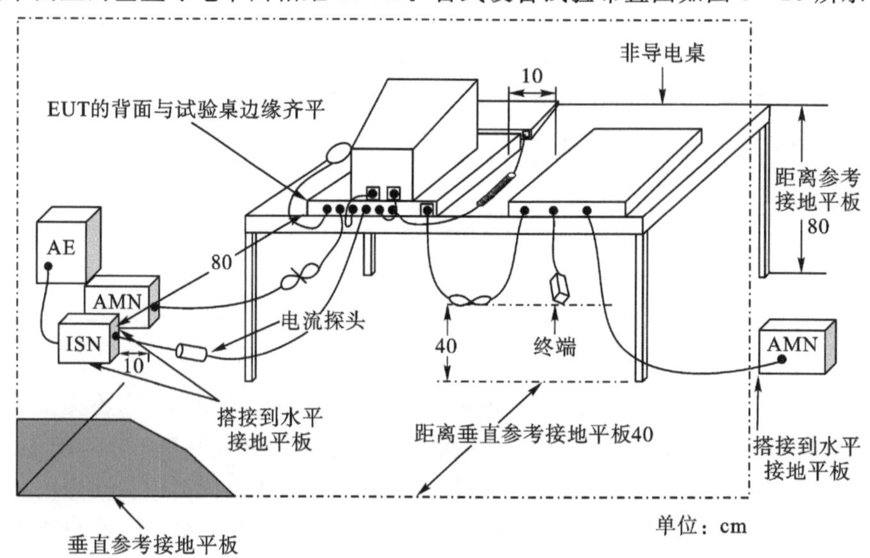

图 5-15　台式设备试验布置

5.4.2.2　落地式设备试验布置

一体机应放置在水平参考接地平板上，其朝向与正常使用情况相一致，其金属部分距离参考接地平面的绝缘距离不得超过 15 cm。

一体机的电缆应该与水平参考接地平板绝缘(绝缘距离不超过 15 cm)。电缆的超长部分应在其中心捆扎成不超过 40 cm 的线束。一体机与人工电源网络连接，该网络可以放在接地平面上或直接放在接地平面的下方，所有其他的设备应由第二个人工电源网络来供电。落地式设备试验布置图如图 5-16 所示。

综上所述，一体机与分体机的试验布置照片如图 5-17、图 5-18 所示。

5.4.3　试验方法及结果

1. 试验方法

按照 GB 4343.1—2018 规定布置被测样品，确定智能马桶的运行负载和运行电压。一般电源电压应为额定电压，如果骚扰随电源电压显著变化，则应在 0.9～1.1 倍的额定电压范围

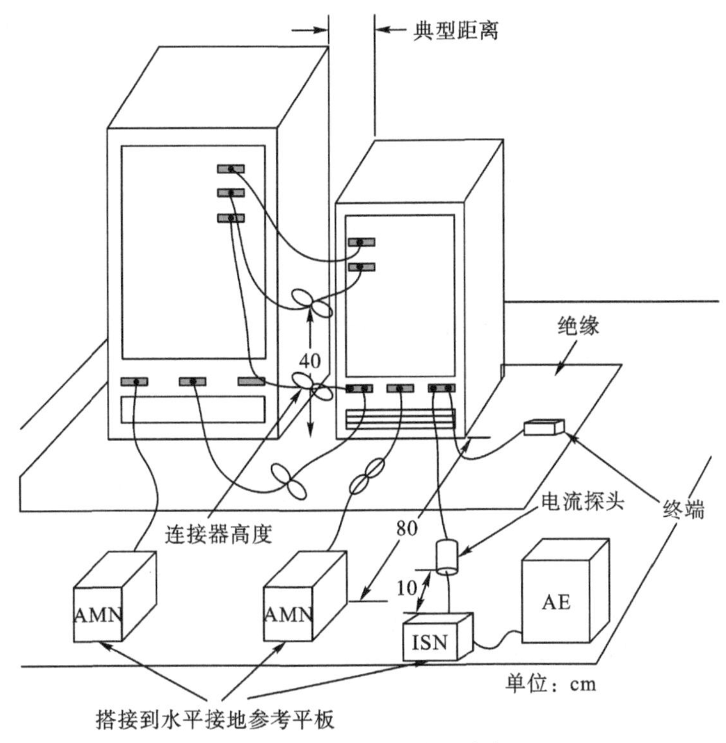

图 5－16　落地式设备试验布置

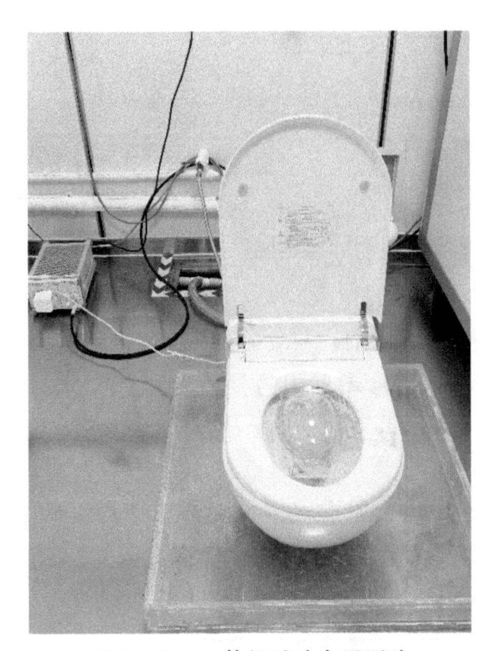

图 5－17　一体机试验布置照片

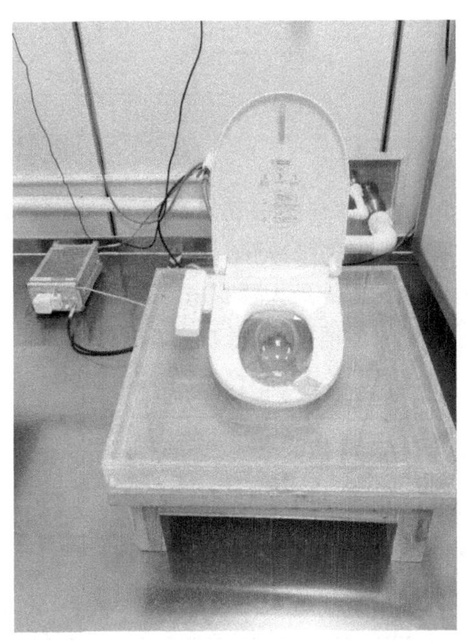

图 5－18　分体机试验布置照片

内，在产生最大骚扰的电压下进行测量。

选择智能马桶在产生最大骚扰的运行状态下测量，如果不能确定哪个状态下骚扰最大，则应在每个状态下都要进行测量。一般情况下，智能马桶应该运行在臀洗或妇洗状态下。

在整个频率段用峰值检波器和平均值检波器进行预扫描，再在整个频段用准峰值检波器和平均值检波器进行终测。对电源端，应分别读取相线和中线对地的骚扰电压值，测量结果取每个频率上测得的最大值和较大值。

2. 试验结果

测量结果以 dB 结果表示，在所测频率范围内，当所有测量结果都低于相应限值时，做出合格判断。

当测量值余量不足 20 dB 时，应至少记录 6 个最大的骚扰电平及其所对应的频率点。但当测量值余量都大于 20 dB 时，可以不给出具体数，但需要有全频段的测试曲线作为证据。

5.5　骚扰功率

通常，当频率超过 30 MHz 时，设备所产生的电磁骚扰通过辐射传播到被骚扰的设备。对于智能马桶，引线上由共模电流引起的辐射，远大于设备表面向外的辐射，其大部分向外传播的能量是通过靠近设备的电源线及其他连接线向外辐射的。因此，可用智能马桶电源线和其他连线上的骚扰功率来定义其骚扰电平。由电网供电的用电器具骚扰功率测量的原理及连接如图 5－19 所示，测量系统由功率吸收钳和测量接收机组成。

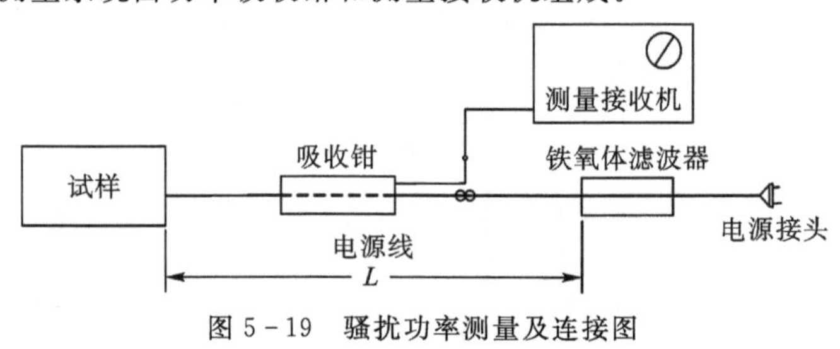

图 5－19　骚扰功率测量及连接图

测试时，吸收钳将接收的骚扰信号转换成电流形式，再通过同轴电缆传输至测量接收机。测量过程中需滑动吸收钳，寻找每条测试线缆上吸收功率最大的位置，该位置吸收功率的测量值即为该条线缆的最大骚扰电平。

对于智能马桶来说，骚扰功率的测量频率范围为 30 MHz～300 MHz，从某种意义上，骚扰功率测试可看作是辐射骚扰在 30 MHz～300 MHz 的频率段内的替代测试。

5.5.1　试验限值

依据标准 GB 4343.1—2018 的规定，骚扰功率应分别用准峰值检波器和平均值检波器进行测量，因此对准峰值和平均值分别规定了其限值及裕量，见表 5－4 和表 5－5。

表 5－4　骚扰功率限值

频率范围/MHz	家用及类似器具	
	准峰值/dB(pW)	平均值/dB(pW)
30～300	随频率线性增大	
	45～55	35～45

表 5 - 5　骚扰功率测量裕量

频率范围/MHz	家用及类似器具	
	准峰值/dB(pW)	平均值/dB(pW)
30～300	随频率线性增大	
	0～10 dB	—

智能马桶作为家用电器的一类，通过公共电网供电，应满足表 5 - 4 和表 5 - 5 中家用电器的限值要求。

5.5.2　试验设备及布置

骚扰功率的试验设备主要有测量接收机、功率吸收钳和吸收钳滑轨。

骚扰功率的测量是以测量 EUT 所产生的不对称电流为基础的，方法是在功率吸收钳的输入端使用一个电流探头。环绕受试线(LUT)的吸收钳的铁氧体材料将电源的骚扰同 EUT 的骚扰隔离开来，沿着拉直的(起发射作用)LUT 移动功率吸收钳以寻找最大电流。受试线将功率吸收钳的输入阻抗转换到 EUT 的输出端，经过最佳的调整，可在电流探头处测到最大的骚扰电流，即在接收机输入端测得的最大骚扰电压。

5.5.2.1　样品试验布置

吸收钳测试的布置(包括器具、被测引线和吸收钳)到其他导电体(包括人、墙和天花板，但不包括地板)的距离应至少为 0.8 m。智能马桶应放置在平行于地板的非金属台上。对于一体机，非金属台的高度为 0.1 m，如图 5 - 20 所示；对于分体机，非金属台的高度为 0.8 m，如图 5 - 21 所示。

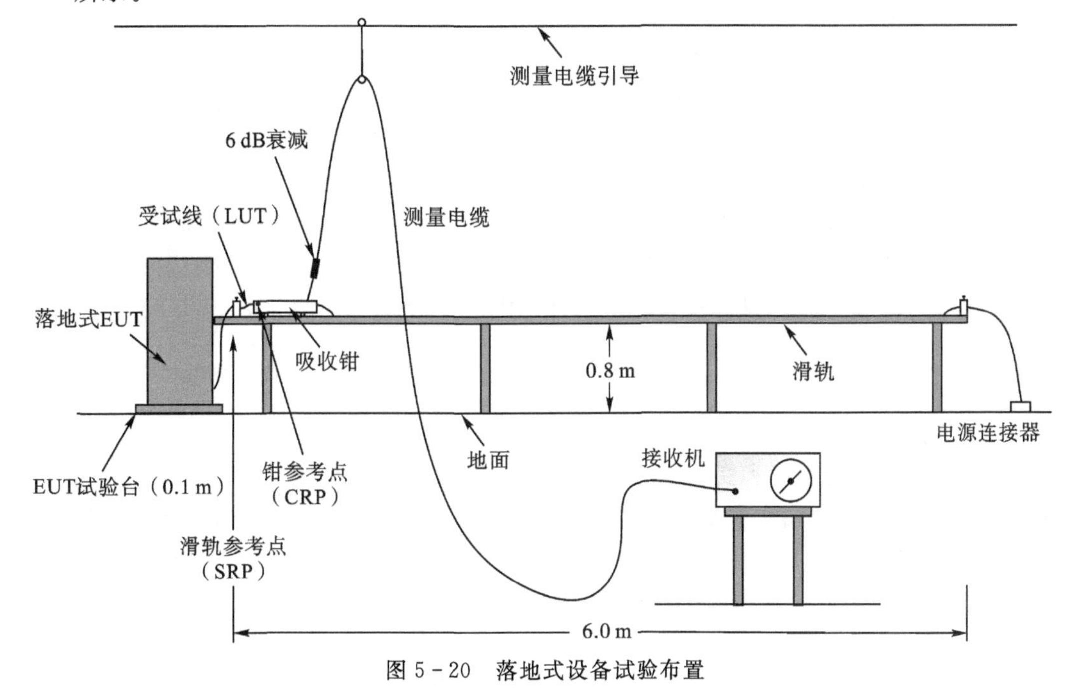

图 5 - 20　落地式设备试验布置

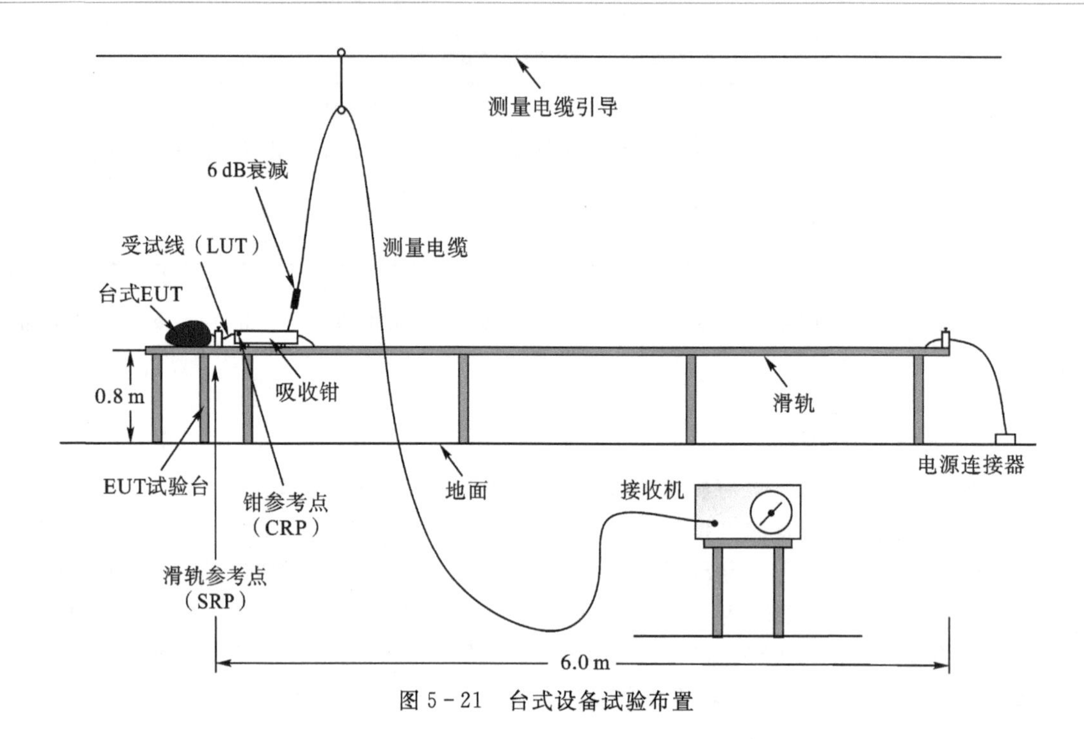

图 5-21 台式设备试验布置

受试线应正对着吸收钳的滑轨参考点(SRP)布置，智能马桶应防止在受试线正对吸收钳滑轨的位置。智能马桶到 SRP 的距离应尽可能短，吸收钳环绕受试线放置，电流互感器靠近智能马桶。测量电缆连接到测量接收机，并通过滑轮引导，使得测量电缆到吸收钳的角度接近直角且不接触地面。

5.5.2.2 受试线试验布置

受试线应被拉直放置于吸收钳滑轨上方，拉直部分约为 6 m，以便吸收钳沿引线滑动变化位置寻找最大读数。吸收钳外的受试线距地面的高度应尽可能接近 0.8 m。如果受试线长度短于所需的长度，应延长或用类似质量的电源引线代替。应拆去任何由于尺寸原因不能通过吸收钳的插头或插座，由所需长度的类似质量的引线代替。

如果在电源与智能马桶一侧的吸收钳之间的射频隔离不足，应在离智能马桶约 6 m 处沿引线放置一个固定的铁氧体吸收钳。这样可以提高负载抗稳定性和减少来自电源的外部噪声。

综上所述，一体机与分体机的试验布置照片如图 5-22、图 5-23 所示。

5.5.3 试验方法及结果

1. 试验方法

按要求布置好智能马桶和受试线，在智能马桶关机的状态下按最终测试程序移动吸收钳测量环境电平，环境骚扰功率电平应低于相应限值至少 6 dB，按规定进行试验布置和连接。

选择运行智能马桶的工作状态，智能马桶一般运行在臀洗或妇洗状态。吸收钳放置在距 SRP 水平距离 0.1 m 的位置，智能马桶处于接通状态，进行预测试，在运行模式下进行频率扫描，以找到产生最大发射电平的运行模式，并通过测量接收机找到骚扰较强的频率点。在初扫找到的频率点或其他需要的频率点，在最大发射运行模式下进行终扫，并用测量接收机记录测量数据和图线。

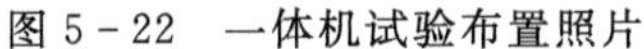

图 5-22 一体机试验布置照片

图 5-23 分体机试验布置照片

2. 试验结果

测量的骚扰功率由在每个测量频率点找到的最大示值和吸收钳的校准曲线得出。在每一个频率点上，都应检查每个受试线获得的骚扰功率值是否符合对应的限值。当所有的测量结果都低于相应限值时，做出合格判定。

当测量值余量不足 20 dB 时，应至少记录 6 个最大的骚扰电平及其所对应的频率点。但当测量值余量都大于 20 dB 时，可以不给出具体数，但需要有全频段的测试曲线作为证据。

5.6 辐射骚扰

辐射骚扰试验主要测试智能马桶在正常工作时自身对外界的辐射干扰强度，来源包括电路板、电缆及连接线等部件。

如果辐射骚扰超标，可能会引起周围装置、设备或系统的性能降低。对智能马桶而言，当其正常工作时会向空间发射一种电磁波。这种干扰如果超过了标准规定的限值，就可能会影响其他电器，特别是高灵敏电器的正常工作，更严重时还会对人体健康造成影响。

5.6.1 试验限值

首先，GB/T 6113.101—2021 规定了频率段范围：A 频段 9 KHz～150 kHz；B 频段 0.15 MHz～30 MHz；C 频段 30 MHz～300 MHz；D 频段 300 MHz～1000 MHz；E 频段 1 GHz～18 GHz。

根据标准 GB 4343.1—2018 规定，智能马桶应在频率范围为 30 MHz～1000 MHz 频段内进行辐射骚扰测量，具体测量方法与相应限值如表 5-6 所示。

表 5-6　辐射骚扰限值和测量方法

测量方法	标准	频率范围/MHz	准峰值/(dBμV·m^{-1})	备注
OATS或SAC	CISPR 16-2-3	30～230	30	测量距离 10m
		230～300	37	
		300～1000	37	
FAR	CISPR 16-2-3	30～230	42～35	测量距离 3m
		230～1000	42	

注：在转折频率处采用较低限值。

OATS＝开阔试验场，SAC＝半电波暗室，FAR＝全电波暗室

5.6.2　试验设备及布置

辐射骚扰的试验设备主要有测量接收机和宽带复合天线。

智能马桶的辐射骚扰测试应在尽可能接近实际安装配置条件下进行。除非另有规定，布线应按制造商推荐的规程进行，其中分体机按照台式设备试验布置，一体机按照落地式设备试验布置。

5.6.2.1　台式设备试验布置

台式设备试验布置如图 5-24 所示，分体机应置于 80 cm 高的绝缘桌上，互联线缆悬挂于测试桌边缘，距离参考接地平面最少 40 cm，过长部分需要折叠成 30～40 cm 的线束，智能马桶与辅助设备间的距离为 10 cm。

插座应与水平金属接触平板等高，智能马桶与辅助设备的电源线直接插入地面的插座，不应将插座延长。如果智能马桶存在不止一根线缆，应该仔细理顺，分别处理。电源线应自然垂到地板上，然后铺设到电源插座，不能有额外的电源线。

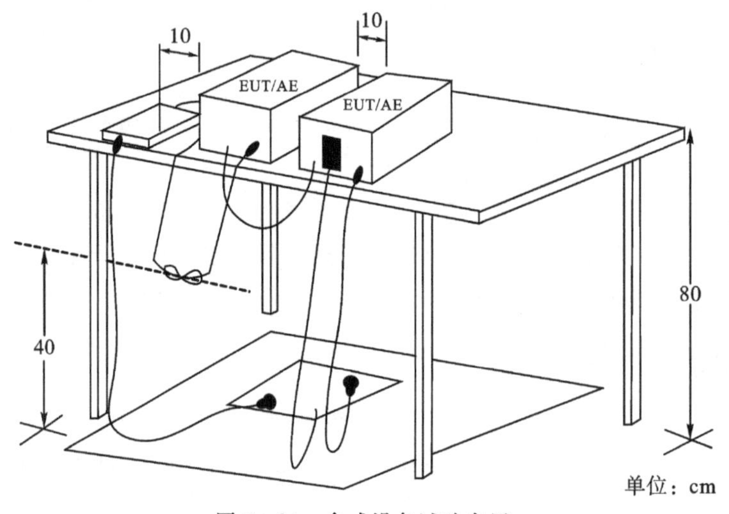

图 5-24　台式设备试验布置

5.6.2.2　落地式设备试验布置

落地式设备试验布置如图 5-25 所示，落地式设备应置于 10 cm 的绝缘体支撑体上，使用

非导体支撑是为了防止 EUT 的偶然接地和场的畸变，如果没有特殊说明，智能马桶与辅助设备之间采用典型布置时的距离，两者之间的互联线缆应该自然放置，过长部分扎成 30～40 cm 的线束，不能折叠的线缆，则应扎成螺旋状。电源线应自然垂到地板上，然后铺设到电源插座，不能有额外的电源线。

综上所述，一体机与分体机的试验布置照片如图 5－26、图 5－27 所示。

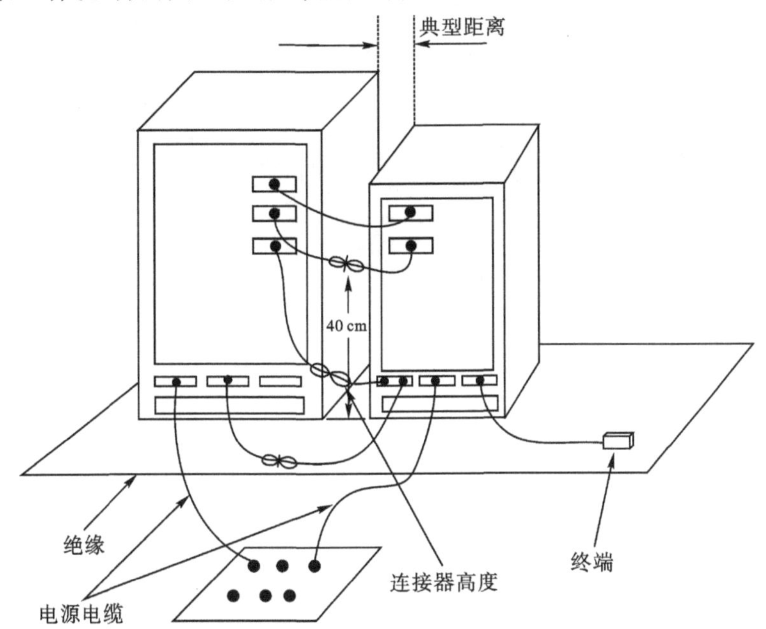

图 5－25 落地式设备试验布置

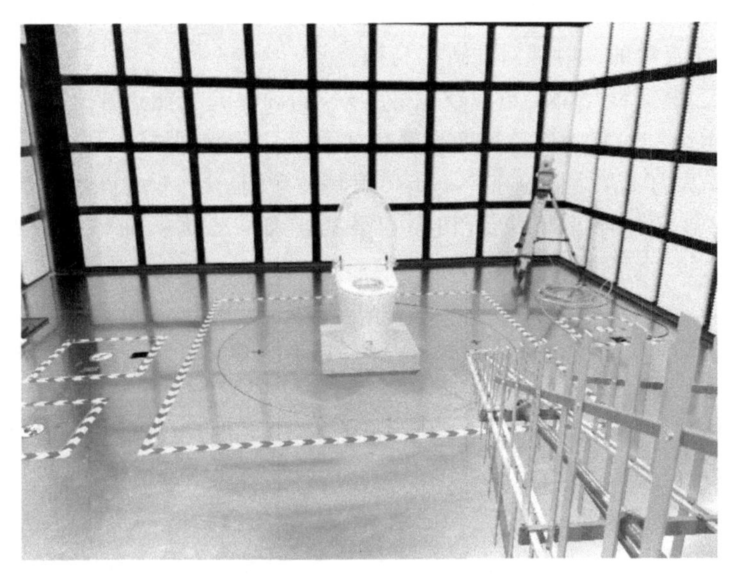

图 5－26 一体机试验布置照片

图 5－27 分体机试验布置照片

5.6.3 试验方法及结果

1. 试验方法

按照标准要求对智能马桶进行试验布置和连接，确定机型是一体机还是分体机，在转台上摆放合适高度的测试台，将转台置于 0°初始位，把智能马桶放在测试台上的中心位置。本次测试以 3 m 法电波暗室为例。

调整天线位置，把天线固定在天线塔上，天线的几何中心垂直对准地面上预先校准好的 3 m 位置点，并确保天线的发射端对准智能马桶。

调整天线高度，将天线尾部的电缆或电源线理顺，确保天线能正常升到 4 m 高度，将天线的初始高度定在 1 m 的位置。保持智能马桶持续运行，进行水平极化和垂直极化测试。

操作自动测试程序进行测试，在 0°～360°旋转转台，在 1～4 m 高度范围内升降天线，在 30 MHz～1000 MHz 频率范围内进行初测和终测。确认骚扰场强结果是否符合标准限值要求。

2. 试验结果

测量结果以 dBμV/m 表示，在所测频率范围内，当所有测量结果都低于相应限值时，做出合格判定。

与端子骚扰电压试验基本相同。在骚扰超过(L－20 dB)(L 为限值)时，同样要求给出 6 个最大的场强值(准峰值)。

当测量值余量不足 20 dB 时，应至少记录 6 个最大的骚扰电平及其所对应的频率点。但当测量值余量都大于 20 dB 时，可以不给出具体数值，但需要有全频段的测试曲线作为证据。

5.7 谐波电流发射

随着智能马桶的应用越来越多，使得非线性电能在电网中产生了大量谐波电流。它不仅会对同一电网中其他用电设备产生干扰、造成故障，还会使电网的中线电流超载，影响输电效率。

谐波电流具有十分严重的危害性，它一方面加重了电网中线负担，大量非线性负载产生的谐波电流将流过中线，造成中线过负荷，增大线路损耗，降低电能使用效率；另一方面它又加重了电网高压电容的负担，造成噪声增加，加速绝缘老化，缩短使用寿命，而高频的谐波电流流过电容将使其温度上升甚至发生爆炸；另外，谐波电流还能引起电网电压波形畸变，从而影响其他电器产品的稳定运行。

为了保护公用电网电能质量，保障电网和用电设备的正常运行，IEC提出了谐波电流限值的IEC61000-3-2标准，我国也公布了等同采用的GB 17625.1标准。谐波电流测试旨在检测智能马桶通过电源线注入公用供电系统中的谐波电流是否满足相应标准规定的限值要求。

5.7.1 试验限值

标准GB 17625.1—2012把接入公共低压配电的设备分成4类。

(1)A类：平衡的三相设备；家用电器(不包括列入D类的设备)；工具，不包括便携式工具；白炽灯调光器；音频设备；未归入其他三类的设备都视为A类设备。

(2)B类：便携式工具；不属于专用设备的弧焊设备。

(3)C类：照明设备。

(4)D类：功率不大于600 W的个人计算机、计算机显示器及电视接收机。

智能马桶属于家用电器，所以归到A类，A类设备的限值要求如表5-7所示。

表5-7 A类设备的限值

谐波次数 n	最大允许谐波电流/A
奇次谐波	
3	2.30
5	1.14
7	0.77
9	0.40
11	0.33
13	0.21
$15 \leqslant n \leqslant 39$	$0.15 \times 15/n$
偶次谐波	
2	1.08
4	0.43
6	0.30
$8 \leqslant n \leqslant 40$	$0.23 \times 8/n$

在整个试验观察周期内得到的单个谐波电流的平均值应不大于所采用的限值。对于每次谐波，所有的1.5 s的谐波电流平滑均方根值应不大于所应用限值的150%，A类设备允许有

部分时刻谐波平滑均方根限值放宽到 200%,但必须要保证在整个试验观察周期内,谐波电流的平均值不超过应用限值的 90%。

对于 21 次及以上的奇次谐波,由 1.5 s 的平滑均方根值计算的整个观察周期中每个单次谐波电流的平均值,只要满足下列条件,可以超过应用限值的 50%。

测量的部分奇次谐波电流不超过应用的限值计算而得出的部分奇次谐波电流值;全部 1.5 s的单次谐波电流平滑均方根值不应大于所应用限值的 150%。

5.7.2 试验设备及布置

谐波电流测量系统主要包含两个部分:纯净电源和谐波分析仪。谐波电流的单相测试系统如图 5-28 所示。其电路非常简单,纯净电源 S 作为受试设备 EUT 的供电电源,谐波分析仪被串接在电路中,就像一块电流表一样,由于纯净电源带来的谐波影响几乎可以忽略,所以谐波测量仪测得的谐波电流就几乎都是 EUT 所发出来的,从而达到测量目的。

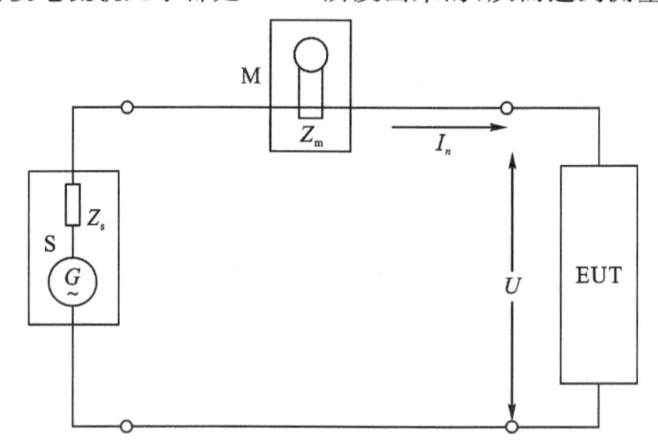

S—供电电源;EUT—受试设备;Z_m—测量设备的输入阻抗;I_n—线电流的 n 次谐波分量;
M—测量设备;U—试验电压;Z_s—供电电源的内阻抗;G—供电电源的开路电压。

图 5-28 谐波电流的单相测试系统

对于智能马桶,设备的配置应在用户操作控制下或自动程序设定在正常工作状态下,并寻找最恶劣状态进行谐波电流发射试验。一般情况下,智能马桶应该运行在臀洗或妇洗状态下。为了保证结果符合正常使用时的状况,在试验开始前,可能需要提前启动智能马桶进行预运行。

一体机与分体机的试验布置照片如图 5-29、图 5-30 所示。

5.7.3 试验方法及结果

1. 试验方法

在任何 2.5 min 的观察周期内,谐波电流发射试验应在正常工作状态且预期能产生最大总谐波电流的模式下进行,智能马桶一般运行在臀洗或妇洗状态下。

对每一次谐波,在每个 DFT 时间窗口内测量经过 1.5 s 平滑的有效值谐波电流。在整个测量周期内,将各 DFT 时间窗口的有效值谐波电流平均,计算各次谐波的算术平均值。

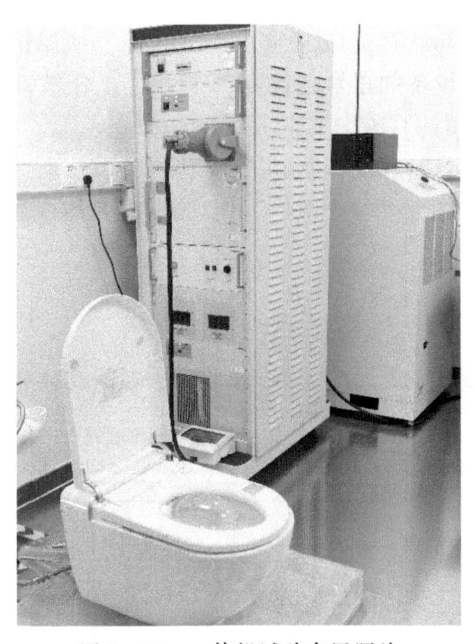
图 5-29 一体机试验布置照片

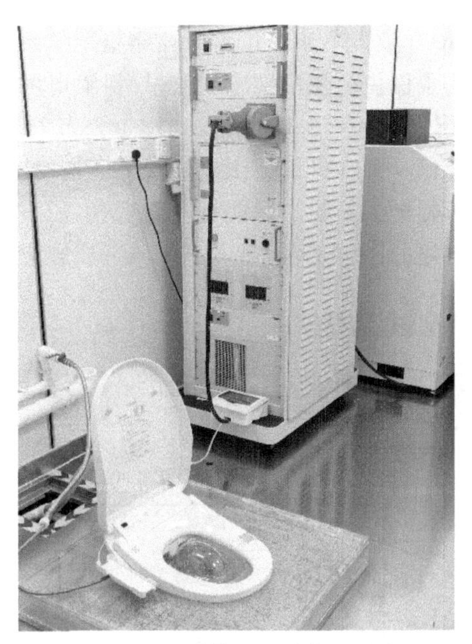
图 5-30 分体机试验布置照片

2. 试验结果

以被测设备在产生最大谐波电流的状态下的测量结果来判定。只有所测的各次谐波电流都满足相应的限值要求时，才能判断为合格。

5.8 电压波动和闪烁

闪烁是指亮度或频谱分布随时间变化的光刺激所引起不稳定的视觉效果。电压闪烁是由电压的波动造成灯光的闪烁。电压闪烁是电能质量的一个重要指标，电压闪烁的强弱与波动电压的波形、幅值、频率等因素有关。

在公用低压供电系统中，电压的波动和闪烁主要由用电设备引起，当设备因外界条件变化或由控制引起设备内部等效阻抗改变，导致供电电流的变化，由于公用低压供电系统中存在一定的阻抗，那么供电电流变化导致了公用低压供电系统的电压的波动，当波动幅值达到一定量值后，就会引起接入低压供电系统的照明设备灯光闪烁。

电压波动和闪烁产生的具体原因是，在实际运行中，由于波动性负荷功率因数低，无功功率变动量相对较大，并且功率变化过程快，所以波动性负荷是引起电压波动的主要原因。

电压波动和闪烁对产品的危害主要有

(1)引起照明灯光闪烁，使人的视觉容易疲劳和不适，从而降低工作效率。

(2)电视机画面亮度发生变化，垂直和水平幅度摇动。

(3)影响电动机正常启动，甚至无法启动；导致电动机转速不均匀，危及本身的安全运行，同时影响产品质量。

(4)使电子仪器设备、计算机、自动控制设备工作不正常，或受到损坏。

(5)影响对电压波动较敏感的工艺或试验结果。

(6)导致以电压相位角为控制指令的系统控制功能紊乱,致使电力电子换流器换相识别。

为了保护公用电网电能质量,保障电网和用电设备的正常运行,IEC 提出了电压波动和闪烁的 IEC61000-3-3 标准,我国也公布了等同采用的 GB/T 17625.2 标准。

智能马桶在进行臀洗或妇洗等功能时,会对加热器及工作状态进行反复切换,从而导致闪烁的可能增大。对于智能马桶而言,电压波动和闪烁会影响坐便器工作状态,更有甚者会影响周边电路的正常工作,对周边环境造成影响。

5.8.1 试验限值

按照标准 GB/T 17625.2—2007 规定,智能马桶作为无附加条件件的设备,电压波动和闪烁限值如表 5-8 所示。

表 5-8 智能马桶电压波动和闪烁限值

参数	限值
相对电压变化特性 d_t/ms	500
相对稳态电压变化 d_c/%	3.3
最大相对电压变化 d_{max}/%	4
短期闪烁 P_{st}	1.0
长期闪烁 P_{lt}	0.65

5.8.2 试验设备及布置

闪烁测量电路如图 5-31 所示,由试验电源 S,参考阻抗 R_A、jX_A,受试设备 EUT 和电压波动闪烁测量仪 V 组成。

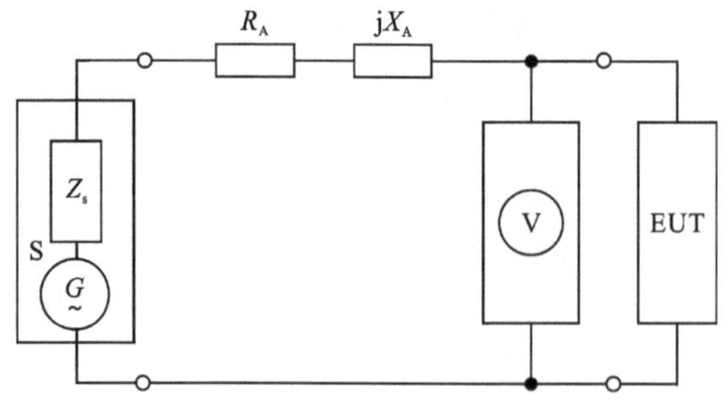

图 5-31 闪烁测量电路

按照标准单相测量电路的标准阻抗 $R_A=0.4\ \Omega$,$jX_A=0.25\ \Omega$(50 Hz 时)。EUT 作为负载,它的输入电流会发生变化,从而造成了参考阻抗上的电压降也发生变化,然后就造成了整个网络的电压波动,此时如果有智能马桶并接在此网络上,就会出现闪烁现象。

整个测量过程应该考虑如下几个方面。

(1)EUT:观察时间应包含受试设备在整个运行周期中产生最不利的连续电压波动的部分。

(2)电源:需要一个高质量的交流电源给 EUT 供电,电压和频率的失真率低/精度高、稳定性好，并且短期闪烁足够低(电压稳定度为±2.0%；频率失真率为±0.5%；电压谐波失真率TDH＜3%)。纯净电源在前文已有详细介绍，这里不再赘述。

(3)参考阻抗：由于电网的波动和闪烁是负载电流变动在线路阻抗上产生电压降所造成的，故测试中必须规定合适的线路阻抗(包括源阻抗和参考阻抗在内)，保证整个评估测量达到±8%以内的总体精度。闪烁阻抗网络的实物如图5-32所示。

(4)如果P_{st}值小于0.4，则在测试期间可忽略试验电源电压的波动(试验电源的P_{st}必须小于0.4)。

(5)电压波动闪烁测量仪：要求快速、分辨率高、精度高，其实物如图5-33所示。图5-31中V为电压闪烁测量仪，它实际上是一台专用的幅度调制分析仪，对电源频率上调制的电压变化波形解调出来进行分析，得到电压波动的3个指标。测量闪烁时该调制信号送入相应的模拟网络，再对模拟网络的输出进行概率统计处理，求得P_{st}和P_{lt}。

实际应用中，由于谐波电流测量和电压波动闪烁测量原理上类似，此两项目经常集成在同一套系统中。

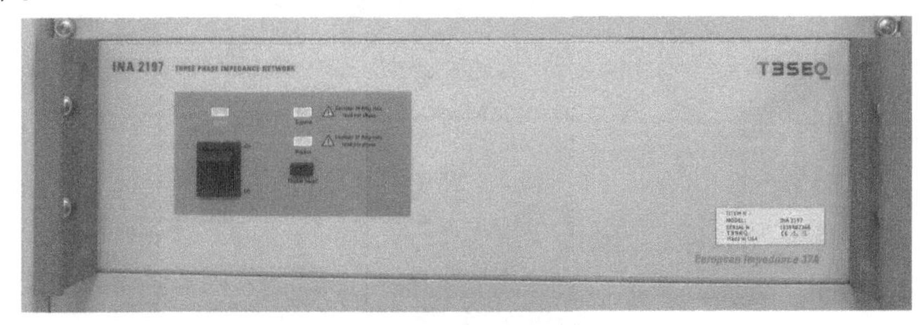

图5-32　闪烁阻抗网络

图5-33　电压波动闪烁测量仪

综上所述，一体机与分体机的试验布置照片如图5-34、图5-35所示。

5.8.3　试验方法及结果

1. 试验方法

使用制造商在说明书阐明的或其他可能用到的控制方式和程序来选择，以产生最不利电压变化结果的控制方式和自动程序进行试验。智能马桶一般运行在臀洗或妇洗状态下。

对P_{st}评定时，运行周期应连续重复，除非另有规定。在智能马桶运行周期小于观察时间，且其在运行周期结束时自动停止的情况下，重新启动时最少时间应计入观察时间内。P_{st}的测量时间为10 min。

对P_{lt}评定时，当智能马桶的运行周期小于2 h，且通常不连续使用的情况下，运行周期不

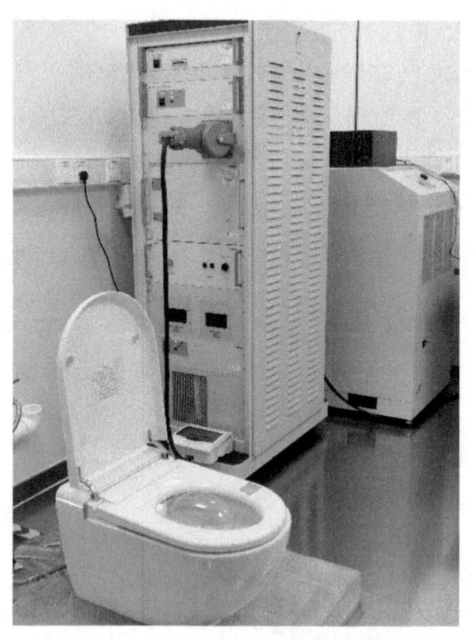

图 5-34 一体机试验布置照片

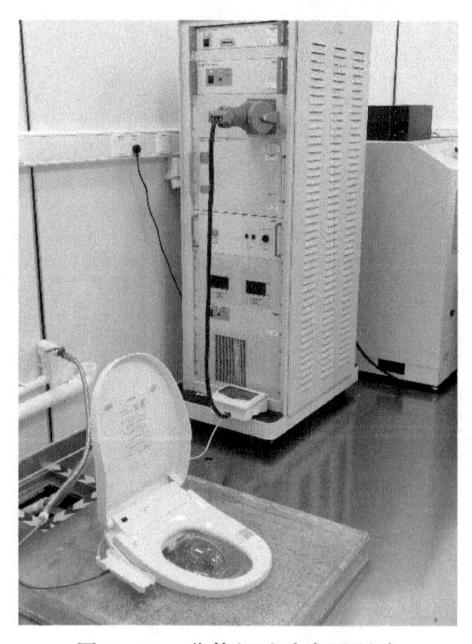

图 5-35 分体机试验布置照片

应重复，除非另有说明。

2. 试验结果

以智能马桶产生最不利电压波动和闪烁状态下的测量结果，来评定检验结果，只有在所有适用的电压波动和闪烁的测量结果都满足相应的限值要求时，才能判断为合格。

第 6 章　智能马桶电磁抗扰度测试

6.1　智能马桶电磁抗扰度标准解析

GB/T 4343.2—2020 是电磁抗扰度标准，用于测试智能马桶的电磁抗扰水平，该标准等同采用国际标准 CISPR 14 - 2:2015，标准由全国无线电干扰标准化技术委员会(SAC/TC79)归口，负责对接 CISPR/WG1。目的是对智能马桶电磁抗扰度建立一个统一的要求，规定了抗扰度的试验规范，提供了试验方法的基础标准，并规范了运行条件、性能判据和试验结果的表述。标准 GB/T 4343.2—2020 包含的测试项目如表 6 - 1 所示，抗扰度测试项目及对应的方法标准如表 6 - 2 所示。

表 6 - 1　抗扰度标准测试项目

标准	对应项目
GB/T 4343.2—2020	静电放电、电快速瞬变、注入电流、射频电磁场、浪涌、电压暂降和短时中断

表 6 - 2　抗扰度测试项目及方法标准

测试项目	对应方法标准
静电放电	GB/T 17626.2—2018
电快速瞬变	GB/T 17626.4—2018
注入电流	GB/T 17626.6—2017
射频电磁场	GB/T 17626.3—2016
浪涌	GB/T 17626.5—2019
电压暂降和短时中断	GB/T 17626.11—2008

GB/T 4343.2—2020 标准将器具划分为四类，其中智能马桶属于Ⅱ类器具，其定义为带有电子控制电路的变压器玩具、双电源玩具、由市电供电的电动器具、电动工具、电热器具和类似电器(如紫外线辐射仪、红外线辐射仪和微波炉)，其电子控制线路的内部时钟频率或振荡频率不超过 15 MHz。

GB/T 4343.2—2020 标准将性能判据划分为三级，每一级判据定义如下：

性能判据 A：在实验过程中器具应按预期连续运行。当器具按预期使用时，其性能降低或功能丧失不允许低于制造商规定的性能水平(或可容许的性能丧失)。

性能判据 B:试验后器具应按预期继续运行。当器具按预期使用时,其性能降低或功能丧失不允许低于制造商规定的性能水平(或可容许的性能丧失)。在试验过程中,性能下降是允许的,但不允许实际运行状态或存储数据有改变。

性能判据 C:允许出现暂时的功能丧失,只要这种功能可自行恢复,或者是通过操作控制器或按使用说明书规定进行操作来恢复。

对于智能马桶而言,依据标准规定,Ⅱ类器具应进行下列测试项目,并满足相应判据要求:

· 静电放电,性能判据 B。
· 电快速瞬变,性能判据 B。
· 注入电流(最高为 230 MHz),性能判据 A。
· 浪涌,性能判据 B。
· 电压暂降和短时中断,性能判据 C。

6.2 智能马桶电磁抗扰度测试设备

智能马桶电磁抗扰度测试设备主要有,静电放电发生器、电快速瞬变脉冲群发生器、电快速瞬变脉冲群耦合/去耦网络、信号发生器、功率放大器、传导抗扰度耦合/去耦网络、浪涌组合波发生器、浪涌电源线耦合/去耦网络、电压跌落试验发生器。

6.2.1 静电放电发生器

人体对物体或两个物体之间产生的静电,可能引起智能马桶的电路发生故障,甚至被损坏。所以模拟静电放电的测试被广泛应用,静电放电发生器就是其中重要的测试设备。静电放电发生器实物如图 6-1 所示。

图 6-1 静电放电发生器实物

静电放电发生器的原理如图 6-2 所示,人体电容的典型值为 60~300 pF(考虑了人的身高与形态上的差异、与接地表面或地电位物体的接近程度、媒质介电常数等)，150 pF是常用的平均值，并被几种试验技术规范采用。接触电阻取值为330 Ω的，代表了从人体(通常是手指或经由工具、钥匙等金属小物件)到接收设备静电放电的最坏情况下的阻抗。

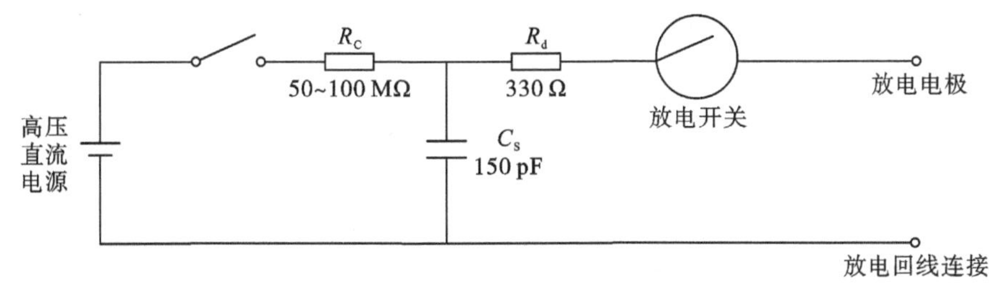

图6-2　静电放电发生器的原理

在进行接触放电和空气放电测量时，使用的放电电极是不同的。接触放电和空气放电的放电电极如图6-3、图6-4所示。接触放电使用圆锥形枪头，空气放电使用圆形枪头。

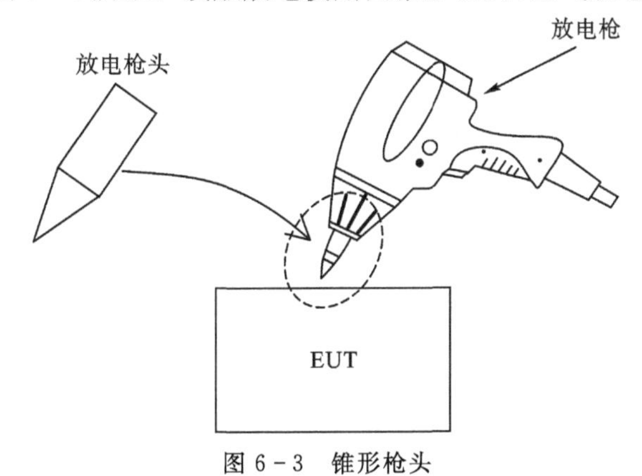

图6-3　锥形枪头

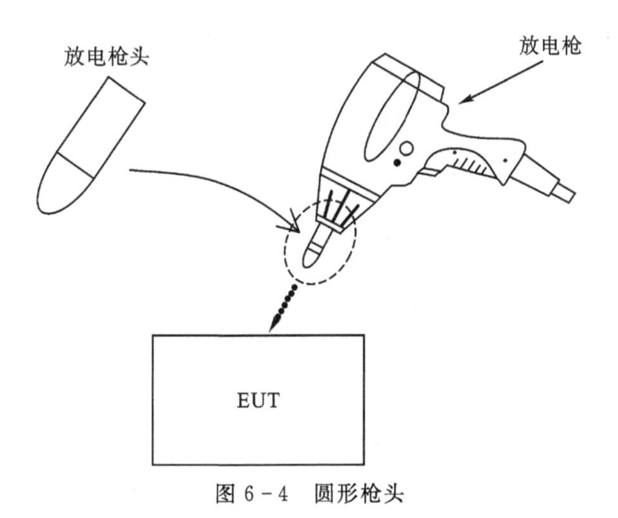

图6-4　圆形枪头

放电回路电缆一般长为2 m，其构成应使发生器满足标准波形的要求，它应该有足够的绝缘性能，以防止在静电放电试验期间，放电电流不通过其端口而流向实验人员或导电表面。

6.2.2 电快速瞬变脉冲群发生器

电快速瞬变脉冲群发生器的电路简图如图 6－5 所示，其中，C_c 为储能电容，容值大小决定了单个脉冲的能量；R_s 为脉冲持续时间形成电阻，该电阻和储能电容配合，决定了波形的形状；R_m 为阻抗匹配电阻，决定了脉冲发生器的阻抗（标准为 50 Ω）；隔直电容 C_d 主要是为了隔离脉冲发生器中的直流成分。电快速瞬变脉冲群发生器实物如图 6－6 所示。

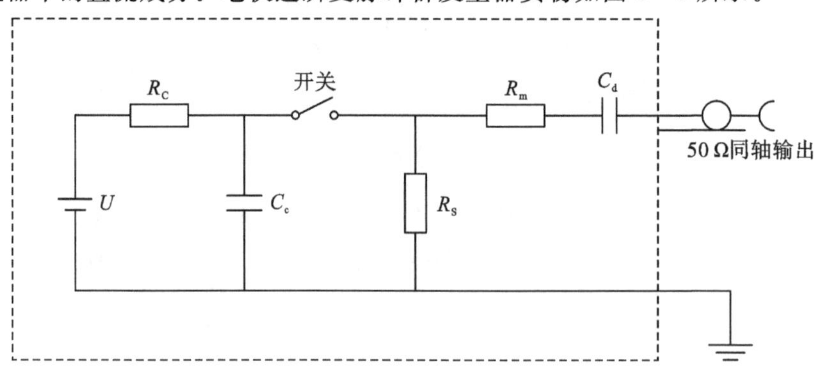

图 6－5 电快速瞬变脉冲群发生器电路简图

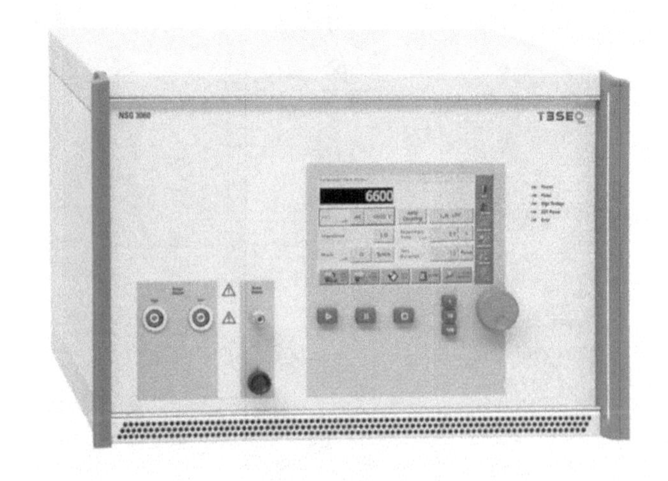

图 6－6 电快速瞬变脉冲群发生器实物

电快速瞬变脉冲群发生器的基本要求

(1)脉冲的上升时间：5×(1±30%)ns。

(2)脉冲持续时间：50×(1±30%)ns。

(3)脉冲重复频率：5 kHz 或 100 kHz。

(4)脉冲群的持续时间：5 kHz 时为 15×(1±20%)ms；100 kHz 时为 0.75×(1±20%)ms。

(5)脉冲群的重复周期：300×(1±20%)ms。

(6)发生器在 1000 Ω 负载时输出电压(峰值)：0.25 kV～4 kV。

(7)发生器在 50 Ω 负载时输出电压(峰值)：0.125 kV～2 kV。

(8)发生器的动态输出阻抗：50×(1±20%)Ω。

(9)输出脉冲的极性:正/负。

(10)与电源的关系:异步。

6.2.3 电快速瞬变脉冲群耦合/去耦合网络

对电源线进行电快速瞬变脉冲群抗扰度测量时,需要使用耦合/去耦合网络(CDN),实物如图6-7所示。标准对耦合/去耦合网络的耦合电容要求为33 nF,耦合方式为共模。耦合/去耦合网络有两个作用:将电快速瞬变脉冲群发生器发出的信号耦合到被测电源线上,即耦合作用;同时防止施加到智能马桶上的电快速瞬变电压影响其他不被试验的设备,即去耦合作用。

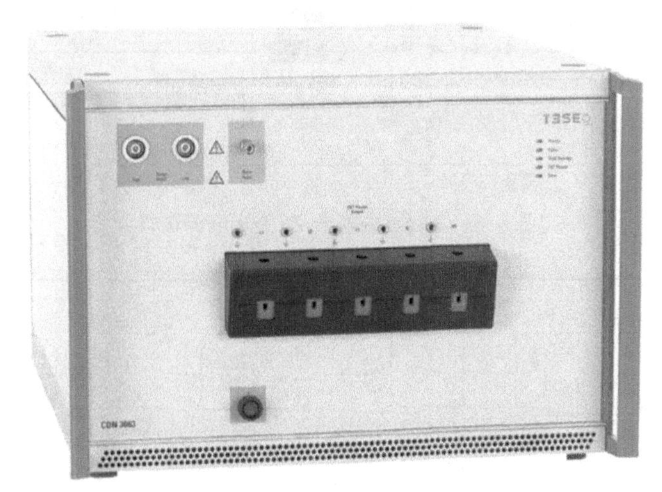

图6-7 电快速瞬变脉冲群耦合/去耦合网络实物

交/直流电源端口的耦合/去耦合网络,可以在不对称条件下把测试电压施加到智能马桶的电源端口。不对称干扰是指电源线与大地之间的干扰。电快速瞬变脉冲群发生器的输出信号电缆芯线通过可供选择的耦合电容加到相应的电源线(L1、L2、L3、N及PE)上,信号电缆的屏蔽层与CDN的外壳相连,该机壳则接到参考接地端子上,CDN的作用是将干扰信号耦合到智能马桶并阻止干扰信号干扰连接在同一电网中的其他设备。耦合/去耦合交/直流电源端口如图6-8所示。

6.2.4 信号发生器

信号发生器又称为信号源,是输出各种电子信号的仪器,主要用于检测活动、调试和测试电子电路、电子设备的参数。信号发生器的部件包括:射频信号发生器G1,可变衰减器T1、射频开关S1、宽带功率放大器PA、低通滤波器(LPF)和/或高通滤波器(HPF)、固定衰减器T2。信号发生器具体的内部配置如图6-9所示。

标准信号发生器主要是输出高精度、高质量的正弦信号,尤其是可以输出信噪比很高的微弱信号;函数信号发生器可以输出各种常用信号,如正弦波、锯齿波、方波等,但是精度不如标准信号发生器;脉冲信号发生器输出各种标准脉冲波形,是智能化的频率合成器,可以输出任意波形。

在进行传导抗扰度测量时,需要使用信号发生器发出干扰信号,信号发生器在整个测量系

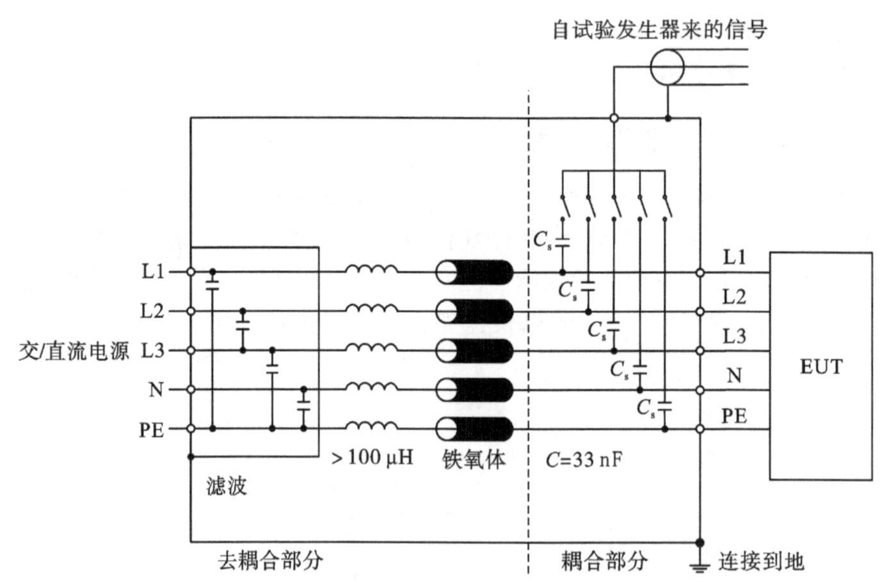

图 6-8　耦合/去耦合交/直流电源端口

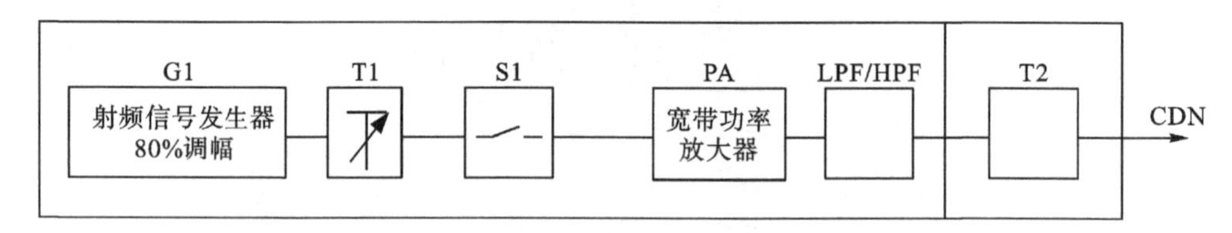

G1—射频信号发生器；T1—可变衰减器；PA—宽带功率放大器；T2—固定衰减器；
LPF/HPF—低通滤波器/高通滤波器；S1—射频开关。

图 6-9　试验信号发生器的内部配置

统的最前端，直接决定着干扰信号的频率、幅度和调制情况是否满足标准要求，信号发生器实物如图 6-10 所示。

图 6-10　信号发生器实物

对进行传导抗扰度的信号发生器的基本要求如下。

(1)可发出正弦波信号。正弦波信号发生器可发出时域输出波形(用示波器观察)和频域波形(用频谱分析仪观察)。

(2)能否覆盖被考核的频带。一般来说,进行传导抗扰度测量的信号发生器要求能覆盖0.15 MHz～230 MHz的频率范围。

(3)具有调幅功能。常见的调制方式有幅度调制、频率调制和脉冲调制等。进行家电产品抗扰度测量用的信号发生器,要求具有幅度调制(AM)功能,能被1 kHz的正弦信号进行调幅,调幅深度为80%。

(4)扫频功能。由于进行完整的抗扰度测量需要在很多个频率点上分别进行,故要求信号发生器具有扫频功能,每个频点的驻留时间应可调。

6.2.5　功率放大器

功率放大器是传导抗扰度测试中关键的设备,实物如图6-11所示。它的作用是将信号发生器输出的小信号放大,激励耦合/去耦合网络产生试验所需的场强,功率放大器的输出功率决定场强的幅值。

图6-11　功率放大器实物

功率放大器是射频类抗扰度测试中关键的设备,也往往是造价最高的设备。为了得到测试所需的射频场强或电流,信号发生器所产生的射频信号功率很小,需要经过功率放大器内部一系列的放大缓冲级、中间放大级、末级功率放大级等,最终获得足够高的射频功率以后,才能馈送到耦合/去耦合网络等。根据不同测试项目以及需要得到的特定电平值,必须采用功率合适的射频功率放大器,以获得足够大的射频输出功率。

在选择功率放大器的时候,最关注的主要是频率范围和功率。EMC领域使用的功率放大器,其频率范围往往会根据基础测试标准的频段,结合自身工作特性而设计,如150 kHz～230 MHz等。

功率放大器由于其自身工作特性,大部分的功率都以热量的方式向外发散掉,而真正衡量其输出能力的指标则是额定输出功率。这个额定功率一般是指在特定频率范围内功率放大器能够长时间工作所输出的最大功率,严格地说它也是正弦波信号。

在此不得不提1 dB压缩点的概念:在小信号区域,功率放大器输出信号的幅值与输入信号的幅值呈线性关系,即放大器的增益保持恒定,也被称为小信号增益。但随着输入信号幅值的增加,功率放大器的增益开始下降,或者称为压缩,最终输出功率达到饱和。当放大器的增益比其小信号增益低1 dB时,该点称为1 dB压缩点,用来衡量功率放大器的线性度。

6.2.6 传导抗扰度耦合/去耦合网络

传导抗扰度耦合/去耦合网络用于将传导骚扰抗扰度信号合适地耦合到连接智能马桶的电源线上，并防止测试信号不被试验的装置、设备和系统影响，GB/T 17626.6—2017 标准要求耦合和去耦合网络的工作频率能覆盖全部试验频率，而且在 EUT 端口上具有规定的共模阻抗，如表 6－3 所示。

表 6－3 EUT 端口的共模阻抗值

频段	0.15 MHz～26 MHz	0.15 MHz～80 MHz
共模阻抗 $\vert Z_{ce} \vert$	(150±20)Ω	$150\ \Omega^{+60\ \Omega}_{-45\ \Omega}$

从 EUT 端口看进去的共模阻抗值如表 6－3 所示，注意，表中未规定耦合阻抗 Z_{ce} 的幅值及 EUT 端口的辅助设备端口之间的去耦系数。要求在辅助设备端口对参考地平面为开路或短路的情况下都要满足 $|Z_{ce}|$ 的容差来表征共模阻抗是否落在要求的范围内。

智能马桶使用的电源线的耦合/去耦合网络采用 CDN-M1(单线)、CDN-M2(双线)、CDN-M3(三线)或等效网络，使骚扰信号耦合到非屏蔽电源线。电源线耦合/去耦合网络实物如图 6－12 所示。

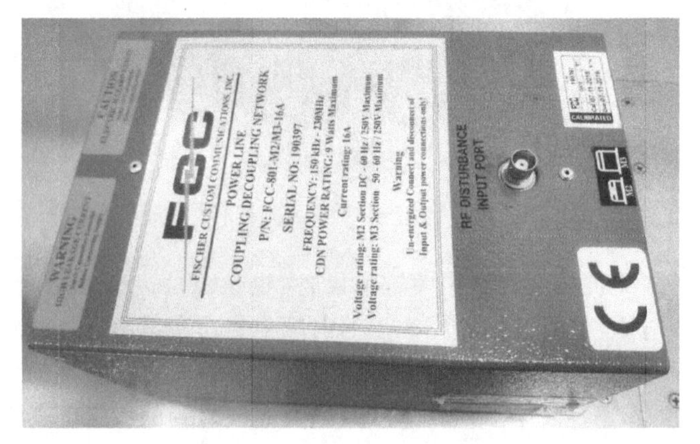

图 6－12 传导抗扰度电源线耦合/去耦合网络实物

用于非屏蔽电源线的耦合/去耦合网络 CDN-M1/M2/M3 电路图如图 6－13 所示。

注：CDN-M3，在 150 kHz 时，$L \geqslant 280\ \mu$H，C_1(典型值)＝10 nF，C_2(典型值)＝47 nF，R＝300 Ω；

CDN-M2，在 150 kHz 时，$L \geqslant 280\ \mu$H，C_1(典型值)＝10 nF，C_2(典型值)＝47 nF，R＝200 Ω；

CDN-M1，在 150 kHz 时，$L \geqslant 280\ \mu$H，C_1(典型值)＝22 nF，C_2(典型值)＝47 nF，R＝100 Ω。

6.2.7 浪涌组合波发生器

标准提到两种浪涌发生器，分别模拟电源线和通信线的浪涌情况，由于线路阻抗不同，两种浪涌的波形也不同。目前智能马桶基本只涉及电源线的浪涌情况，故这里只介绍电源线试验的相关情况。

1.2/50 μs－8/20 μs 组合波发生器，是能产生 1.2/50 μs 开路电压波形和 8/20 μs 短路电

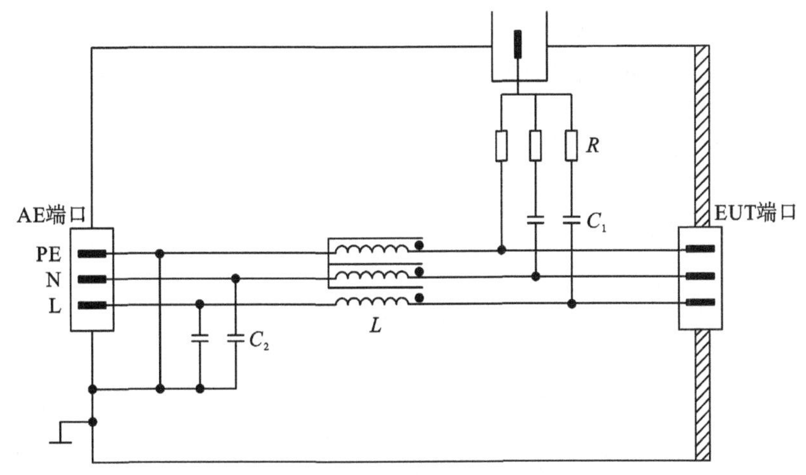

图 6-13　用于非屏蔽电源线的耦合/去耦合网络 CDN-M1/M2/M3 电路图

流波形的发生器,“组合波”是指波形参数由标准规定的电压波和电流波在一个发生器中形成。浪涌组合波发生器实物如图 6-14 所示,其中发生器输出端开路时,形成电压浪涌波;发生器输出端短路时,形成电流浪涌波。当连接到电源线端口进行浪涌抗扰度测量时,应使用 1.2/50 μs-8/20 μs 组合波发生器,其原理如图 6-15 所示。

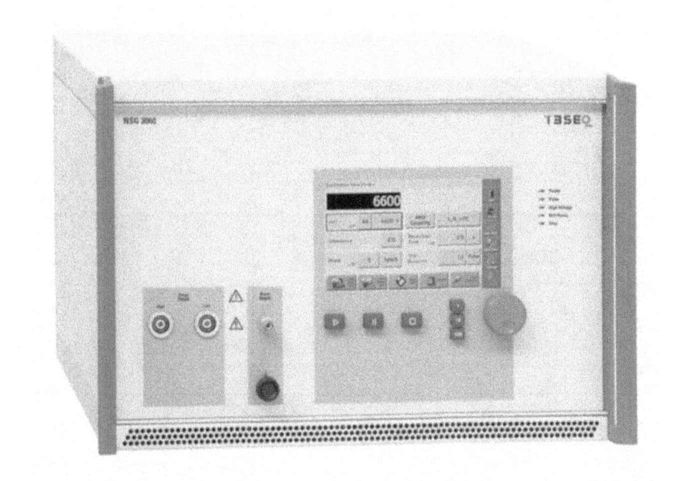

图 6-14　浪涌组合波发生器实物

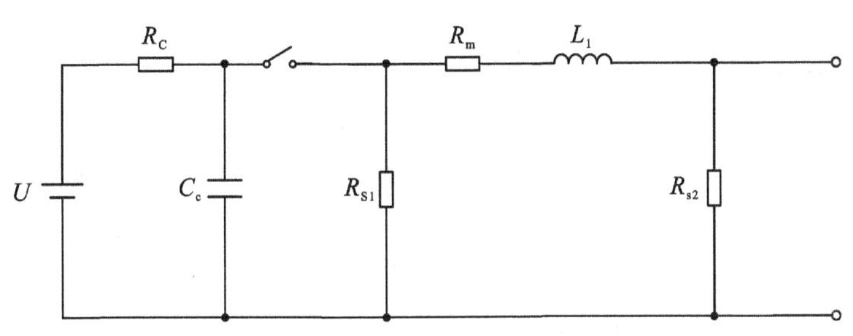

图 6-15　1.2/50 μs-8/20 μs 组合波发生器原理图

这种发生器产生的波形为开路电压波前时间 1.2 μs,开路电压半峰值时间 50 μs,短路电流波前时间 8 μs,短路电流半峰值时间 20 μs。图 6 - 16 为组合波发生器输出端的开路电压波形,图 6 - 17 为组合波发生器输出端的短路电流波形。

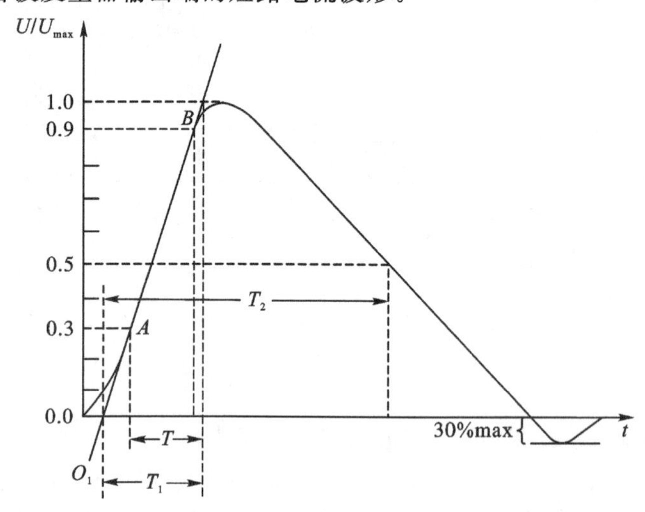

图 6 - 16 组合波发生器输出端的开路电压波形(1.2/50 μs)

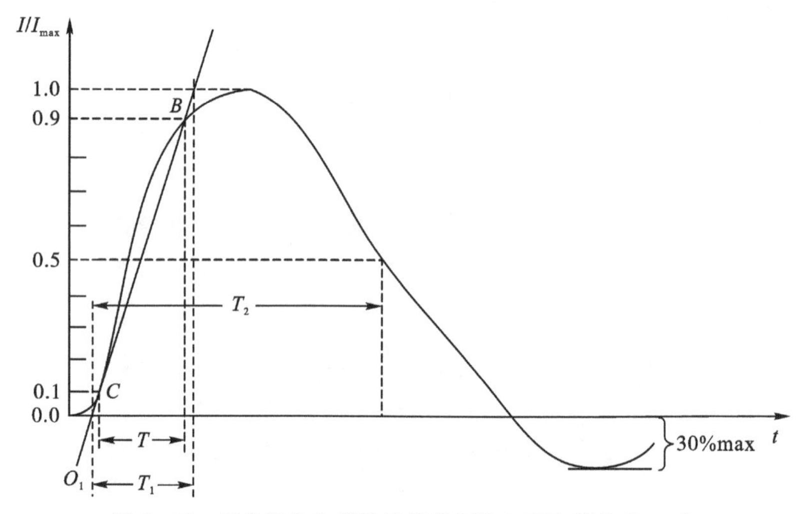

图 6 - 17 组合波发生器输出端的短路电流波形(8/20 μs)

6.2.8 浪涌电源线耦合/去耦合网络

浪涌抗扰度使用的耦合/去耦合网络,作用是使浪涌信号能耦合到智能马桶的被测端口上,同时防止浪涌信号耦合到其他不被试验的装置、设备或系统上。浪涌电源线耦合/去耦合网络实物如图 6 - 18 所示。

在交流或直流电源线上,去耦合网络对于浪涌波呈现出较高的阻抗,但同时允许电流流过 EUT。该阻抗可以使电压波在 CDN 的输出端产生,同时又可以阻止浪涌电流反向流回交流或直流电源。用高压电容作为耦合元件,电容值应能允许整个波形耦合到 EUT。

耦合/去耦合网络有多种类型,对于电源线路,通常用电容器实现耦合。交/直流电源线上

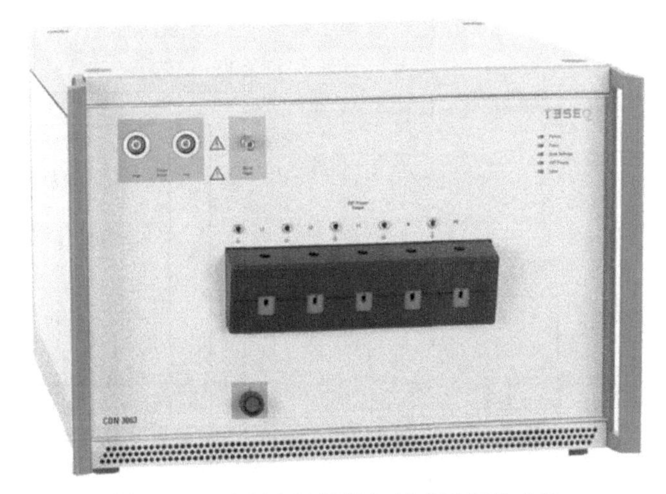

图6-18 浪涌电源线耦合/去耦合网络实物

电容耦合的线-线耦合和线-地耦合，试验配置分别如图6-19、图6-20所示。

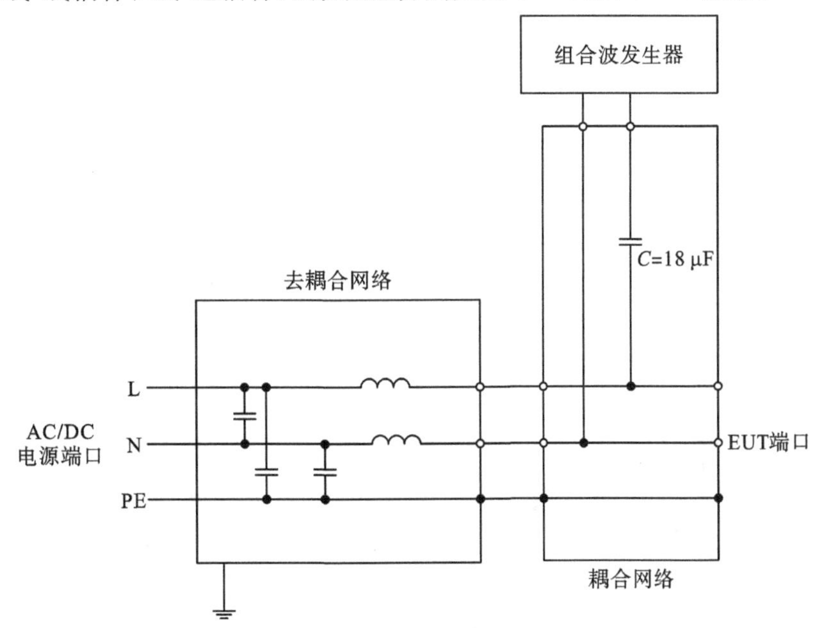

图6-19 用于交/直流线上电容耦合的线-线耦合

6.2.9 电压跌落试验发生器

电压暂降和短时中度抗扰度的主要测量设备是电压跌落试验信号发生器，其主要功能为智能马桶产生非正常的供电电压。发生器实物如图6-21所示。

电压暂降是指电压偶然减少到低于规定的阈值，随后经历一段短暂的间隔恢复到正常值。试验发生器为受试设备提供了跌落的、中断的、变化的电压。

试验仪器有三种基本形式，以及根据若干规定试验电平点派生出来的采用抽头变压器的发生器派生形式。

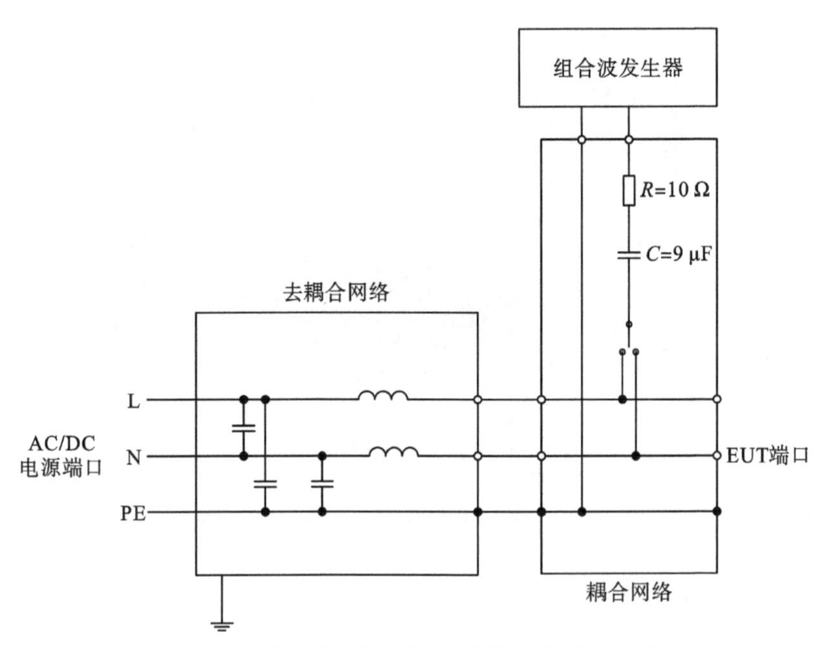

图 6-20 用于交/直流线上电容耦合的线-地耦合

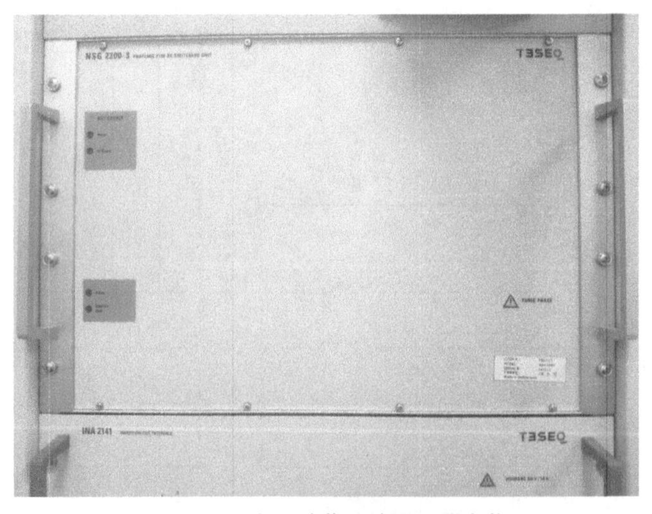

图 6-21 电压跌落试验发生器实物

(1)采用电子开关控制两个独立调压器的试验仪器。如图 6-22 所示,它是采用电子开关控制两个独立调压器的试验仪器。这是一种比较简单、价格相对便宜的试验仪器。当两个电子开关同时断开时,便可中断输出电压。当两个电子开关交替闭合时,便可模拟电网电压的跌落或升高。跌落或升高的电压可事先设定。

当电子开关采用 MOSFET 和 IGBT 担当时,用该线路还能模拟起始相位任意角度的电压瞬变情形。线路中的调压器可以人工调整,也可以设计成由电动机自动调整。

(2)采用波形发生器和功率放大器的结构方式。如图 6-23 所示,它是采用信号发生器和功率放大器结构方式构成的试验设备。这种仪器的结构比较复杂,造价也相对昂贵,但波形失真小,跌落和中断的起始相位可以任意设定。此线路加入程控功能后,比较容易实现电压渐变

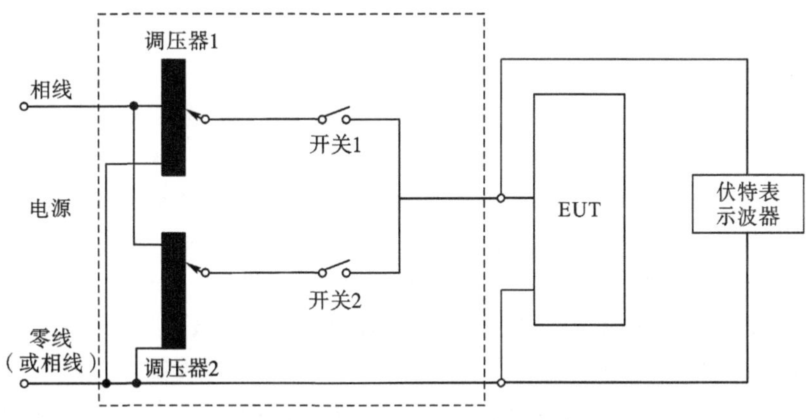

图 6－22　采用调压器和开关方式的实验原理图

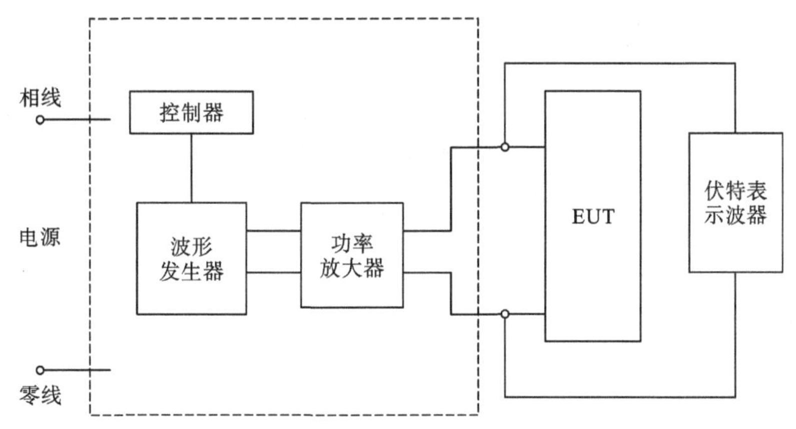

图 6－23　采用波形发生器和功率放大器方式的实验原理图

的控制。

(3)采用抽头变压器的简易式试验仪器。抽头变压器构成的简易式试验设备如图 6－24 所示，这是根据标准的试验电压等级用 0%U_T、40%U_T、70%U_T 和 80%U_T 表示的规定来设计的。变压器抽头切换用机械开关来实现。这是一种价格便宜的试验仪器，可满足一般的试验要求。

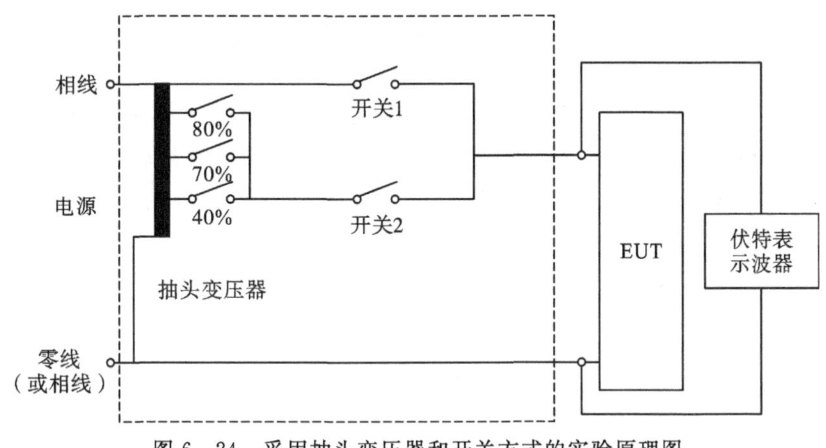

图 6－24　采用抽头变压器和开关方式的实验原理图

6.3 静电放电

静电放电是一种自然现象，当不同介电强度的材料相互摩擦时，就会产生静电电荷。依据标准 GB/T 17626.2—2018 的定义，静电放电就是具有不同静电电位的物体相互靠近或直接接触引起的电荷转移。当人体穿着绝缘材料的织物并且对地绝缘时，在地面上运动时可能积累一定数量的电荷。当人体接触到与地相连的智能马桶时就会产生静电放电。

静电放电及其影响是智能马桶的一个主要干扰源。静电放电试验主要检查人或物体在接触智能马桶时所引起的放电（直接放电），以及人或物体对设备邻近物体的放电（间接放电）时对设备工作造成的影响。静电放电时可以在 0.5～20 ns 的时间内产生 1～50 A 的放电电流。虽然电流很大但因持续时间很短，故能量很小。所以一般静电放电不会对人产生伤害，但对集成电路芯片等电子产品可能产生破坏性的危害，直接危害设备的正常工作。

6.3.1 试验等级

依据方法标准 GB/T 17625.2—2018，静电放电测试的试验等级见表 6-4。

表 6-4 静电放电试验等级

等级	接触放电/kV	空气放电/kV
1	2	2
2	4	4
3	6	8
4	8	15

智能马桶作为家用电器产品，根据 GB/T 4343.2—2020 的标准要求，进行 8 kV 空气放电，4 kV 接触放电的试验。对每个选择的放电点进行 20 次放电（10 次正极性，10 次负极性）。

接触放电模拟了操作人员对智能马桶直接接触时发生的静电放电情况。接触放电是优先的试验方法，对外壳的每个易触及的金属部件每个电压等级施加 20 次放电（10 次正极性，10 次负极性）；对于非导体外壳应根据标准的规定对垂直或水平耦合板施加 20 次放电（10 次正极性，10 次负极性）。接触放电时，使用尖形放电头，放电开关操作前，必须先将放电尖头垂直于智能马桶表面，然后扳动放电开关实施放电。

空气放电则模拟了操作人员对放置于或安装在智能马桶附近的物体放电时的情况。当智能马桶的这些部分不可能进行接触放电试验时，应对设备容易被使用者接触且易出现故障的点（如缝隙、显示屏、按键的边缘）进行空气放电。在每个区域所选择的试验点进行至少 10 次单次空气放电。空气放电时，使用圆形放电头，先扳动放电开关，然后尽可能快地接近并触及智能马桶（避免机械损伤），当发生放电过程后迅速将放电电极从智能马桶移开，然后重复触发发生器，进行新的单次放电。

6.3.2 试验设备及布置

静电放电抗扰度测试的主要设备为静电放电发生器。其中直接放电是直接接触智能马桶进行放电；间接放电是接触水平耦合板(HCP)或垂直耦合板(VCP)进行放电。

实验室地面设置的接地参考平面为一种厚度为0.25 mm的铜或铝的金属薄板，其他金属材料至少为0.65 mm。接地参考平面的最小尺寸1 m^2，实际的尺寸取决于智能马桶的尺寸，而且每边至少应伸出受试设备或耦合板之外0.5 m，并将它与保护接地系统相连。智能马桶与实验室墙壁和其他金属性结构的距离最小为0.8 m。

静电放电发生器的放电回路电缆应与接地参考平面连接，总长度一般为2 m。如果这个长度超过所选放电点所需要的长度，如可能将多余的长度以无感方式离开接地参考平面放置，且与试验配置的气体导电部分保持不小于0.2 m的距离。与接地参考平面连接的接地线和所有连接点均应是低阻抗的。

耦合板应采用和接地参考平面相同的金属和厚度，每端经过一个470 kΩ的电阻电缆与接地参考平面连接，当电缆置于接地参考平面上时，这些电阻器应能耐受放电电压，应具有良好的绝缘，以避免对接地参考平面的短路。

6.3.2.1 台式设备试验布置

分体机作为台式设备测试，放置在接地参考平面上的高0.8 m的木桌上，垂直耦合板面积为0.5 m×0.5 m，与分体机的距离为0.1 m；水平耦合板面积为1.6 m×0.8 m，并用一个厚0.5 mm的绝缘衬垫将智能马桶及电缆与耦合板隔离。台式设备试验布置如图6-25所示。

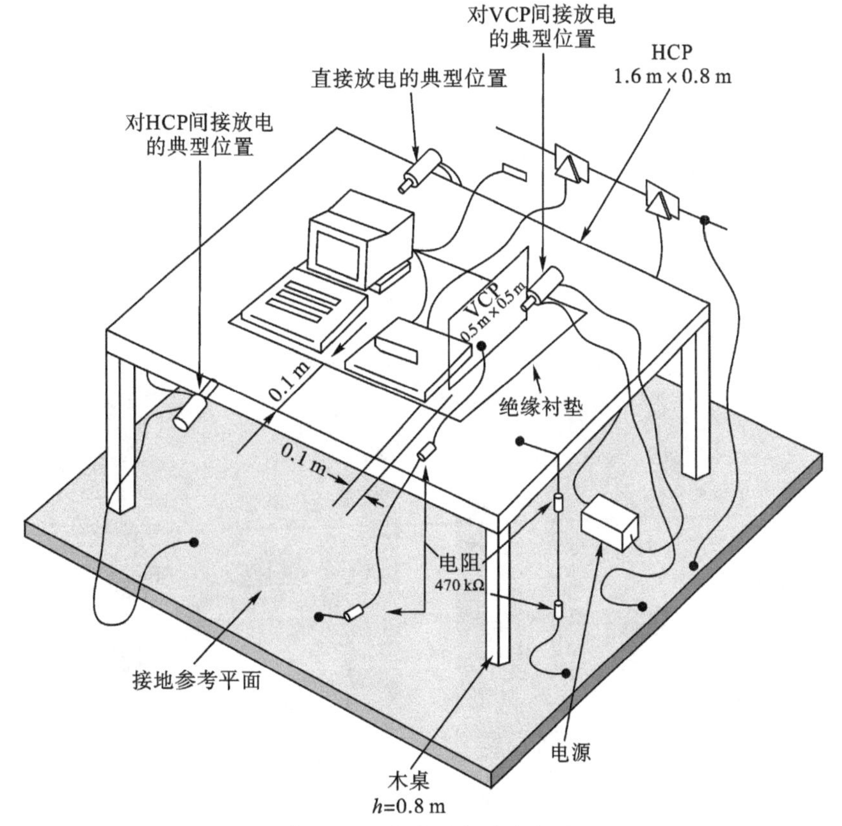

图6-25　台式设备试验布置

6.3.2.2　落地式设备试验布置

一体机作为落地式设备测试，智能马桶用 0.1 m 厚的绝缘支撑与接地参考平面隔开。垂直耦合板面积为 0.5 m×0.5 m，与一体机的距离为 0.1 m。电缆的隔离应超过受试设备隔离的边缘。落地式设备试验布置如图 6 - 26 所示。

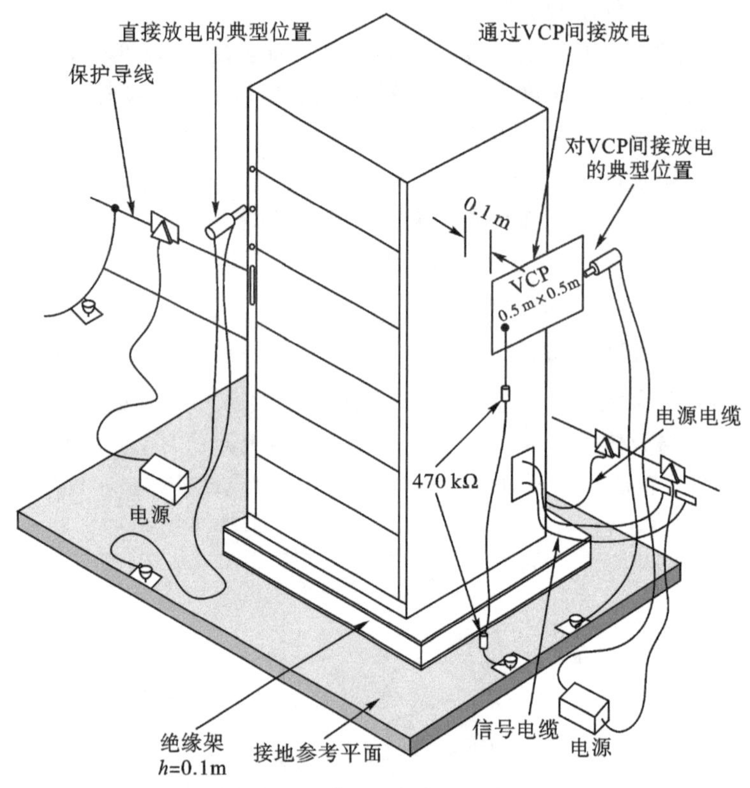

图 6 - 26　落地式设备试验布置

综上所述，一体机与分体机的试验布置照片如图 6 - 27、图 6 - 28 所示。

图 6 - 27　一体机试验布置照片

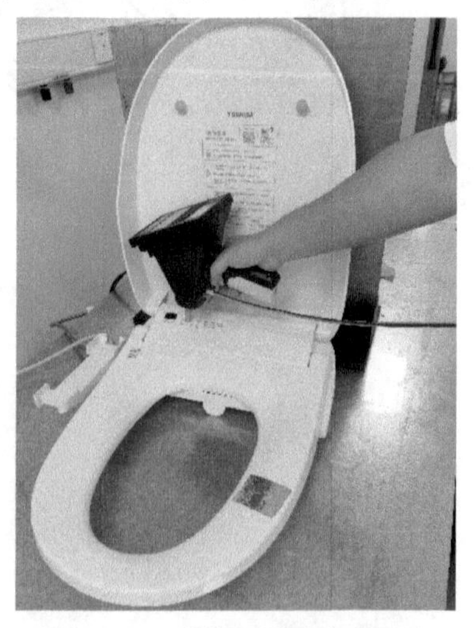

图 6 - 28　分体机试验布置照片

6.3.3　试验方法及结果

1. 试验方法

首先要保证标准试验环境条件，对静电测试重复性影响最大的环境因素就是湿度，空气湿度的变化会影响放电参数。实验室条件下的气体压强受环境湿度的影响显著，而气体压强又将作用于电子漂移速度，因而环境湿度越大，压强越大，放电电流也会随之增大。根据标准要求，在空气放电试验的情况下，气候条件应在下述范围内。

(1)环境温度：15～35 ℃

(2)相对湿度：30%～60%

(3)大气压力：86 kPa～106 kPa

试验设备处于典型的工作状态下进行。试验时，将智能马桶通电，启动坐圈加热，开启暖风烘干模式，将挡位调至最高挡；静电放电仅对智能马桶在运行期间可能触及的点和面进行。静电放电发生器应保持与实施放电的表面垂直，以提高复现性。放电时，放电回路的电缆与 EUT 的距离至少应保持 0.2 m。

2. 试验结果

静电放电可能产生如下后果。

(1)直接通过能量交换引起半导体器件的损坏。

(2)放电所引起的电场与磁场变化，造成智能马桶的误动作。

根据 GB/T 4343.2—2020 的规定，智能马桶产品静电放电抗扰度测试依据性能判据 B，允许性能下降，但应能自行恢复，即试验后应能按照预期要求连续运行。设备再测量后按照预期要求正常使用时不允许有任何功能的损失，但在测量期间可自行恢复的故障及由测试引起的程序暂时延迟都是允许的。测量期间允许性能降低。

6.4　电快速瞬变

电快速瞬变即电快速瞬变脉冲群，该测试用于模拟当电感性(如继电器、接触器)在断开时，由于开关触点间隙的绝缘被击穿或触点弹跳等原因，会在断点处产生暂态骚扰。这种暂态骚扰以脉冲形式出现在一次开关时多次出现形成一串脉冲。如果电感性负载多次重复开关，则脉冲串会以相应的时间间隔多次重复出现，我们称为脉冲群。

电快速瞬变脉冲波形如图 6－29 所示。电快速瞬变脉冲群，是指脉冲群有特定的持续时

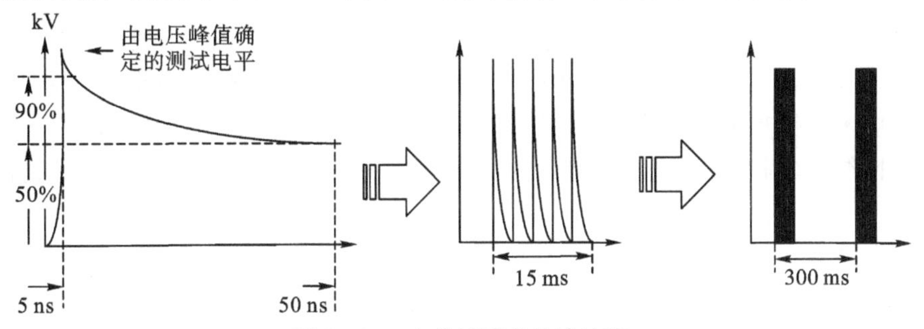

图 6－29　电快速瞬变脉冲波形

间(5 kHz 时规定为 15 ms)、特定的脉冲周期(300 ms)的脉冲，脉冲群中的单个脉冲有特定的重复周期、电压幅值、上升时间、脉宽。将脉冲群耦合到智能马桶的电源端口，用来评估智能马桶对来自操作瞬态过程(如断开电感性负荷、继电器接点弹跳等)中所产生的瞬态脉冲群的抗扰度。脉冲群干扰会使智能马桶性能下降或失灵。

6.4.1 试验等级

根据基础标准 GB/T 17626.4—2018 的要求，表 6-5 列出了电源端口进行电快速瞬变脉冲群抗扰度试验时应优先采用的试验等级的范围。

表 6-5 电快速瞬变脉冲群试验等级

等级	电源端口和接地端口(PE)	
	电压峰值/kV	重复频率/kHz
1	0.5	5 或 100
2	1	5 或 100
3	2	5 或 100
4	4	5 或 100

智能马桶作为使用交流电源输入和输出的家用电器，参考产品类标准 GB/T 4343.2—2020，试验规定如表 6-6 所示。

表 6-6 交流电源输入和输出端口试验规定

环境现象	试验规定	试验配置
共模快速瞬变	1 kV(峰值) 5/50ns Tr/Td 5 kHz 重复频率	按 GB/T 17626.4—2018

6.4.2 试验设备及布置

智能马桶进行电快速瞬变脉冲群抗扰度试验，一般会用到两种设备：电快速瞬变脉冲群发生器、电快速瞬变脉冲群耦合/去耦合网络。

智能马桶应放置在接地参考平面上，并用厚度为(0.1±0.05)m 的绝缘支座(包括不导电的滚轮在内)与之隔开。与智能马桶相连接的所有电缆应放置在接地参考平面上方 0.1 m 的绝缘支撑上。其他电缆布线应尽量远离受试电缆，以使电缆间的耦合最小化。智能马桶应按照设备安装规范进行布置和连接，满足其使用的功能要求。除了接地参考平面，智能马桶和所有其他导电性结构(例如屏蔽室的墙壁)之间的最小距离应大于 0.5 m。试验布置如图 6-30 所示。

接地参考平面应为一块厚度不小于 0.25 mm 的金属板(铜或铝)；也可以使用其他金属材料，但厚度至少为 0.65 mm；接地参考平面最小尺寸为 0.8 m×1 m。其实际尺寸取件于受试设备的尺寸。接地参考平面的各边至少应比受试设备超出 0.1 m。因安全原因，接地参考平面应与保护接地相连接。

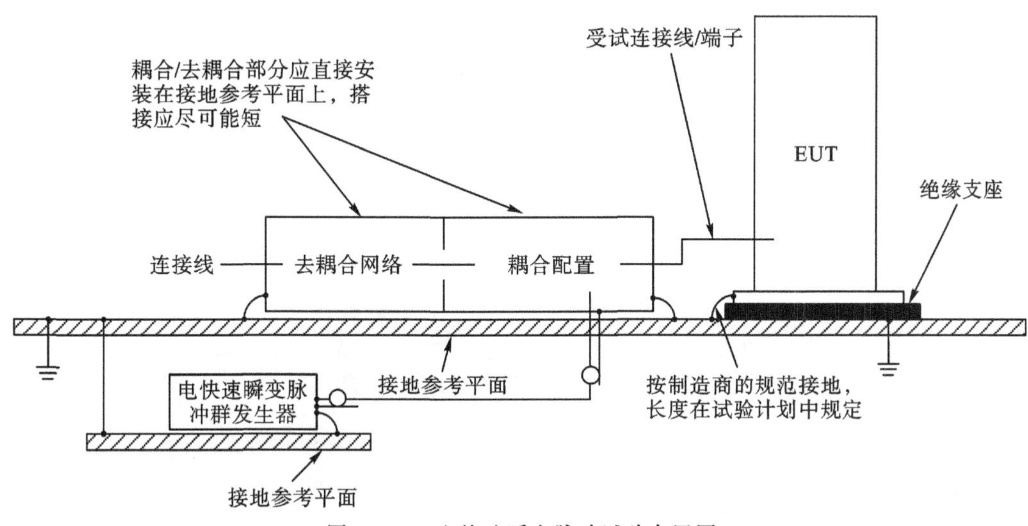

图6-30　电快速瞬变脉冲试验布置图

除非其他产品标准或者产品类型标准另有规定，耦合装置和智能马桶之间的电源线的长度应为(0.5±0.05) m，如果制造商提供的与设备不可拆卸的电源电缆长度超过(0.5±0.05) m，那么电缆超出长度的部分应折叠，以避免形成扁平的环形，并放置于接地参考平面上方0.1 m处。

综上所述，一体机与分体机的试验布置照片如图6-31、图6-32所示。

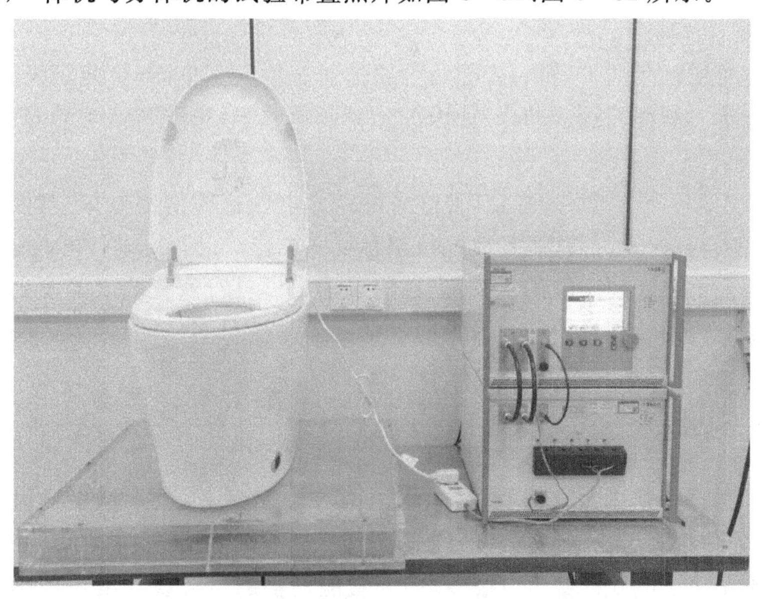

图6-31　一体机试验布置照片

6.4.3　试验方法及结果

1. 试验方法

智能马桶电快速瞬变的测试方法，具体参照基础标准GB/T 17626.4或者等效的国际标准IEC 61000-4-4，先根据标准选定试验等级，试验在智能马桶所规定或典型环境中以其额

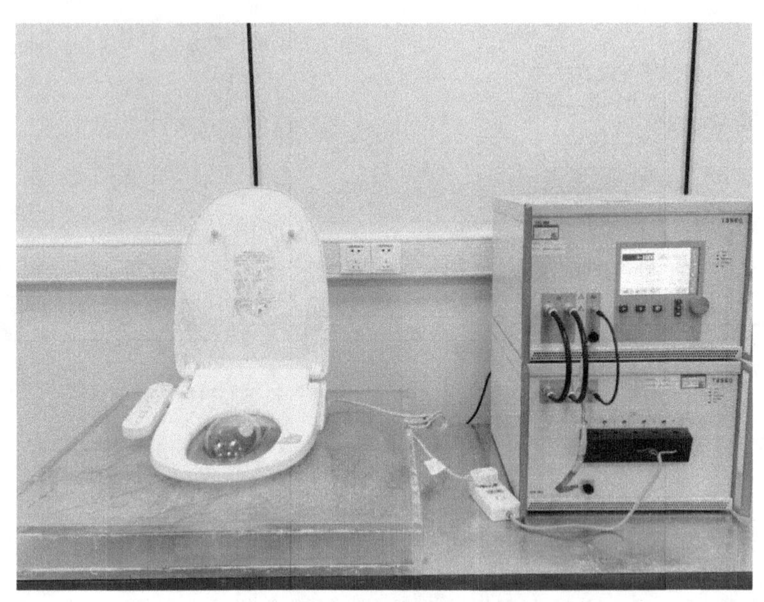

图 6-32 分体机试验布置照片

定电压和额定频率运行条件下进行，智能马桶一般运行在臀洗或妇洗状态下。

按前述要求进行试验布置，试验在正、负两个极性上各进行两分钟；密切观察 EUT 的运行情况，是否有功能或性能降低、丧失的情况。

2. 试验结果

电快速瞬变可能产生如下后果：智能马桶通信暂时性异常中断；智能马桶设备故障，如死机需要人工重启等。智能马桶误动作，如内部开关误动作等；智能马桶功能异常，如出现臀洗或妇洗状态等。

根据 GB/T 4343.2—2020 的规定，智能马桶产品电快速瞬变测试依据性能判据 B，允许性能下降，但应能自行恢复，即试验后应能按照预期要求连续运行。设备再测量后按照预期要求正常使用时不允许有任何功能的损失，但在测量期间可自行恢复的故障及由测试引起的程序暂时延迟都是允许的。测量期间允许性能降低。

6.5 注入电流

注入电流即射频场感应的传导骚扰抗扰度，模拟的干扰源，通常指来自射频发射的电磁场，该电磁场可能作用于智能马桶的整个电缆上。一般情况下智能马桶的尺寸，比频率较低的干扰波(80 MHz 以下频率)的波长小很多，但是智能马桶的电源线长度可能达到干扰波的几个波长(或更长)。这样一来，电源线就可能成为被动天线，接收射频场的感应，变为传导干扰侵入设备内部，最终以射频电压和电流形成的近场电磁场影响智能马桶的工作。

传导骚扰抗扰度的干扰源有两种来源：一种是由空间电磁场在智能马桶的连接线缆上产生的感应电流或电压，作用于智能马桶易敏感部位，进而对智能马桶产生影响；另一种是由各种骚扰源通过连接到智能马桶上的电源线，直接对智能马桶产生影响。传导骚扰抗扰度测量原理来源于模拟以上两种电磁现象，目的是评估智能马桶对通过辐射或传导方式耦合到电源线上的干扰信号的承受能力。施加的干扰信号类型主要有连续波干扰和脉冲类干扰。

对于家用电器产品而言，传导骚扰抗扰度标准要求施加的干扰为连续波干扰。试验场强幅度是指未调制信号的载波场强。测试与校准时，试验设备要用 1 kHz 正弦波对未调制信号进行 80% 幅度调制来模拟实际情况。图 6－33 说明了一个幅度为 1 V(RMS 有效值)的射频信号，其调制后的信号幅度与调制前有何不同。

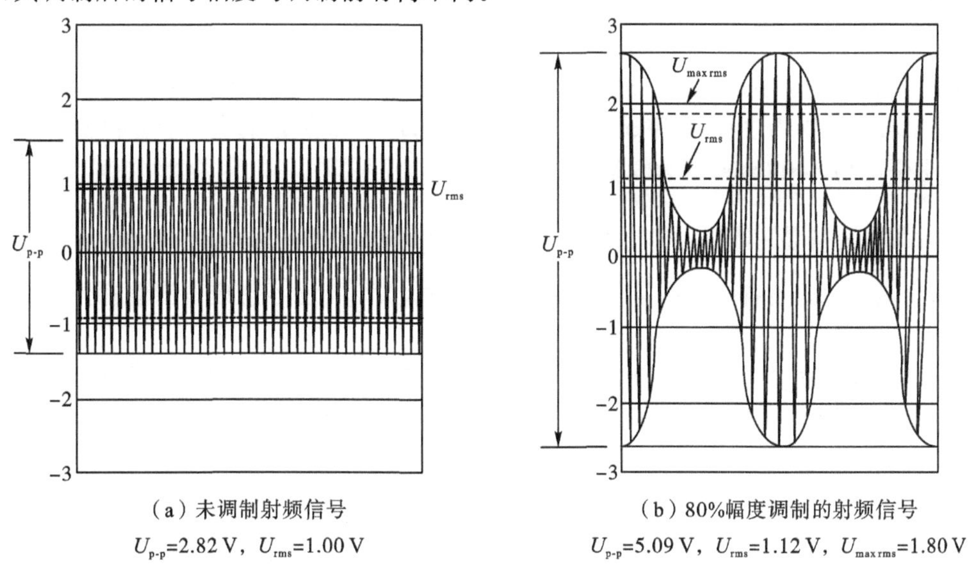

（a）未调制射频信号

$U_{p\text{-}p}$=2.82 V，U_{rms}=1.00 V

（b）80%幅度调制的射频信号

$U_{p\text{-}p}$=5.09 V，U_{rms}=1.12 V，$U_{max\,rms}$=1.80 V

图 6－33 传导抗扰度试验信号

6.5.1 试验等级

传导骚扰抗扰度的试验等级分类情况参考 GB/T 17626.3—2017 标准，如表 6－7 所示，有效值(rms)表示为调制干扰信号的开路试验电平(emf)。在耦合和去耦合装置的智能马桶端口上设置试验电平，实际测量时，该信号是用 1 kHz 正弦波调幅(80%调制度)来模拟实际干扰影响。

表 6－7 传导骚扰抗扰度试验等级

频率范围 150 kHz～80 MHz		
试验等级	电压(emf)	
	U_0/V	U_0/dB(μV)
1	1	120
2	3	129.5
3	10	140
×	特定	

由于智能马桶属于家用电器产品，试验依据标准 GB/T 4343.2—2020，其试验规定如表 6－8 所示。

表 6-8　交流电源输入和输出端口试验规定

环境现象	试验规定	试验配置
射频电流 共模 1 kHz,80%调幅	0.15 MHz～230 MHz 3 V(rms)(未调制) 150 Ω 源阻抗	按 GB/T 17626.6—2017

由此可见,骚扰源经过 1 kHz 信号进行 80%的幅度调制;试验在整个 150 kHz～230 MHz(Ⅱ类器具)频率范围内进行,频率递增扫频时,步长为前一频率的 1%。当转移阻抗为 150 Ω 时,试验电平的均方根(rms)值为 3 V。

6.5.2　试验设备及布置

注入电流的试验设备主要有信号发生器、功率放大器和传导抗扰度电源线耦合/去耦合网络。

智能马桶应放在参考地平面上方 0.1 m 高的绝缘支架上。智能马桶距离任何金属物体(包括屏蔽室的墙壁等)至少 0.5 m 以上。使用 CDN 的传导抗扰度试验布置如图 6-34 所示。

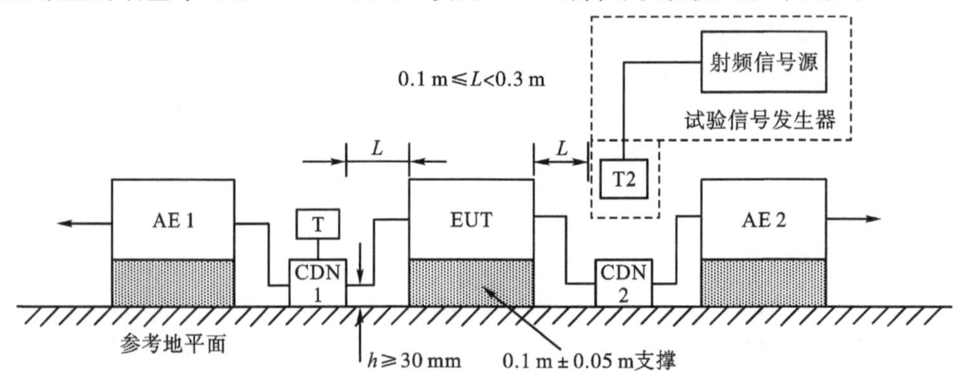

T—端接的 50 Ω 的电阻;T2—功率衰减器(6 dB);CDN—耦合/去耦合网络。

图 6-34　使用 CDN 的传导抗扰度试验布置图

耦合/去耦合网络应置于参考地平面上距智能马桶 0.1～0.3 m 处,并与参考地平面直接接触。耦合/去耦合网络以及智能马桶之间的电缆应尽可能短,并且不可捆扎或卷曲,电缆应置于参考地平面上方至少 30 mm。

综上所述,一体机与分体机的试验布置照片如图 6-35、图 6-36 所示。

6.5.3　试验方法及结果

1. 试验方法

注入电流测试的基本方法是将无用信号注入导线或端口,并增加信号电平,直至观察到规定的性能降低类别或达到规定的抗扰度电平。

智能马桶试验在典型环境中以其额定电压和额定频率运行条件下进行,一般运行在臀洗或妇洗状态下。

注入电流施加的信号为 1 kHz 调制的连续波,频率范围覆盖 150 kHz～230 MHz,在每一

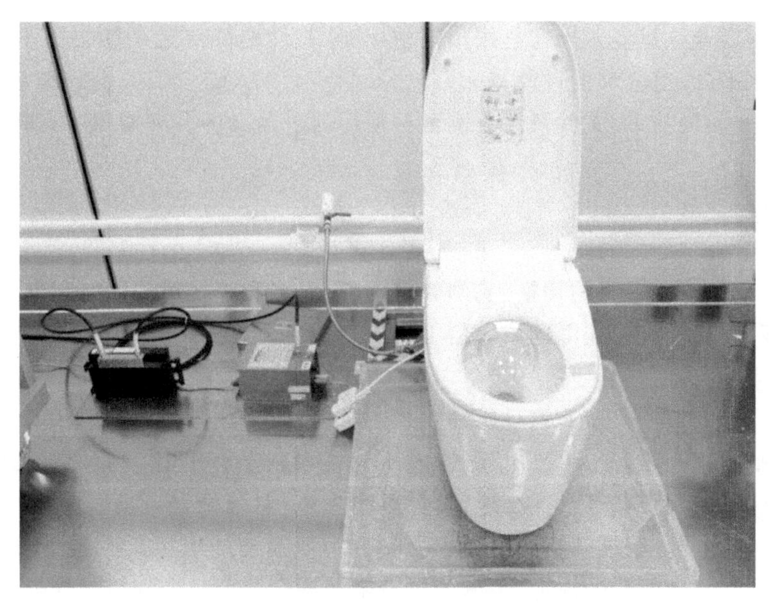

图 6-35　一体机试验布置照片

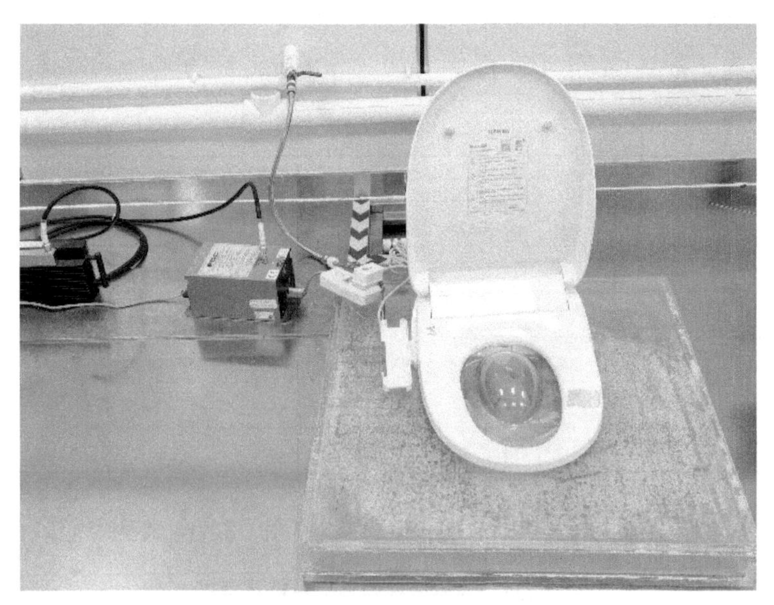

图 6-36　分体机试验布置照片

频率点的驻留时间不应少于使智能马桶动作并做出响应所需的时间，扫描测试期间在每一频率点上的驻留时间不应超过 5 s；密切观察智能马桶的运行情况，是否有功能或性能降低或丧失的情况。

2. 试验结果

注入电流可能产生如下后果：智能马桶通信暂时性异常中断；智能马桶设备故障，如死机需要人工重启等。智能马桶误动作，如内部开关误动作等；智能马桶功能异常，如出现臀洗或妇洗状态等。

根据 GB/T 4343.2—2020 的规定，智能马桶注入电流测试依据性能判据 A，即在试验过程中器具应按预期连续运行。当器具按预期使用时，其性能降级或功能丧失不允许低于制造厂规定的性能水平(或可容许的性能丧失)。如果制造商未规定最低的性能水平或可容许的性能丧失，则可从产品说明书、文件及用户按预期使用时对器具的合理期望中推断。

6.6 浪涌

开关操作(例如电容器组的切换、晶闸管的通断、设备和系统对地短路和电弧故障等)或雷击(包括避雷器的动作)可以在电网或通信上产生暂态过电压或过电流。通常将这种电压或过电流称作浪涌或冲击。

智能马桶产品的浪涌典型波形呈脉冲状，其波前时间为数微秒、脉冲半峰时间从几十微秒到几百微秒，脉冲幅度从几百伏到几万伏，或从几百安到上百千安，是一种能量较大的骚扰。在雷雨多发地区或电网负载经常突变地区，如果措施不当，浪涌经常会烧毁电子器件，破坏通信设备，使网络异常等。智能马桶工作时容易受到类似浪涌的干扰。浪涌测试就是通过浪涌模拟发生装置产生一定能量的浪涌干扰，通过特定的耦合装置耦合到智能马桶的电源端子上。

6.6.1 试验等级

浪涌的试验等级依据 GB/T 17626.5—2019 标准，如表 6－9 所示。

表 6－9 浪涌试验等级

等级	开路试验电压/kV	
	线-线	线-地
1	—	0.5
2	0.5	1.0
3	1.0	2.0
4	2.0	4.0
X	特定	特定

智能马桶属于家用电器产品，试验依据 GB/T 4343.2—2020，试验规定如表 6－10 所示。

表 6－10 交流电源输入端口试验规定

环境现象	试验规定	试验配置
浪涌	1.2/50(8/20) $\mu s T_r/T_d$ 2 kV 线到地阻抗 12 Ω 1 kV 线到线阻抗 2 Ω	按 GB/T 17626.5—2019

试验尽可能连续地依次施加 5 次正脉冲和 5 次负脉冲：

- 相线之间：1 kV；
- 相线与中线之间：1 kV；
- 相线与地线间：2 kV；

· 中线与地线间:2 kV。

在智能马桶的交流电 90°相位施加正脉冲,270°加相位施加负脉冲,不必对表 6-10 以外(更低)的电压进行试验。

6.6.2 试验设备及布置

浪涌试验设备包括浪涌组合波发生器、浪涌电源线耦合/去耦合网络。

智能测试时放置在绝缘测试台面上即可,没有特殊要求。测试时安装方式与实际使用一致,一体机与分体机都放置于绝缘体上进行测试。

智能马桶与耦合/去耦合网络之间的电源线长度不应超过 2 m。

综上所述,一体机与分体机的试验布置照片如图 6-37、图 6-38 所示。

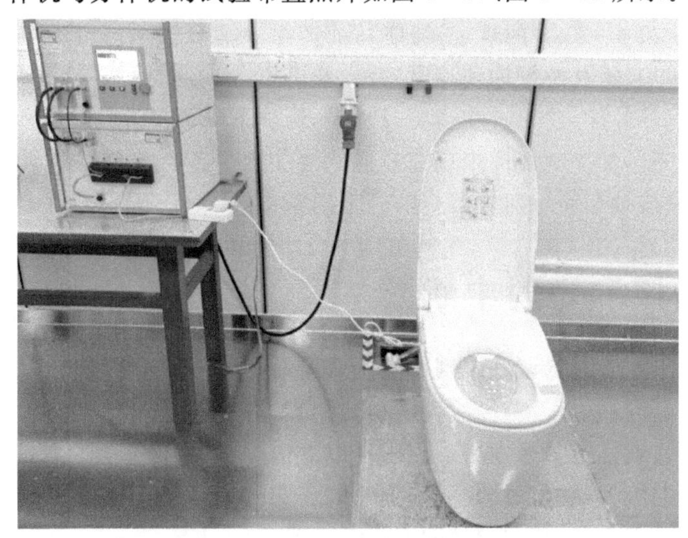

图 6-37 一体机试验布置照片

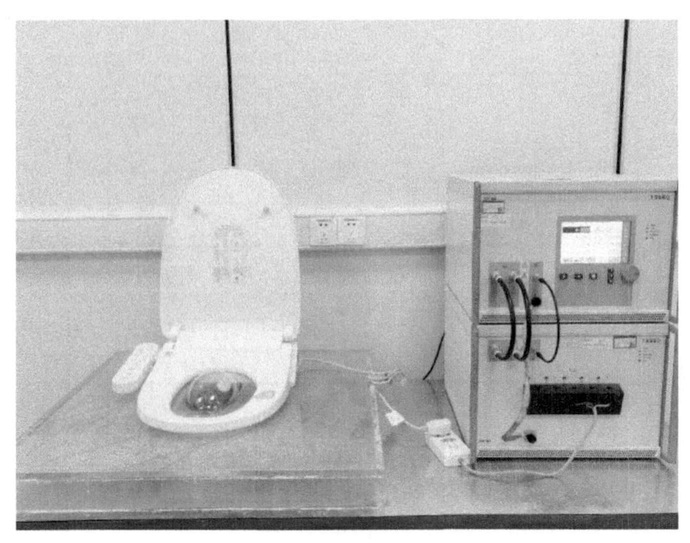

图 6-38 分体机试验布置照片

6.6.3 试验方法及结果

1. 试验方法

根据智能马桶的实际使用和安装条件进行布置,智能马桶应处于典型工作状态,一般运行在臀洗或妇洗状态,根据标准要求的试验等级进行测试。密切观察智能马桶的运行情况,是否有功能或性能降低或丧失的情况。

2. 试验结果

浪涌可能产生的后果如下:智能马桶通信暂时性异常中断;智能马桶设备故障,如死机需要人工重启等。智能马桶误动作,如内部开关误动作等;智能马桶功能异常,如出现臀洗或妇洗状态等。

根据 GB/T 4343.2—2020 的规定,智能马桶产品浪涌测试依据性能判据 B,试验后器具应按预期继续运行。当器具按预期使用时,其性能降低或功能丧失不允许低于制造商规定的性能水平(或可容许的性能丧失)。在试验过程中,性能下降是允许的,但不允许实际运行状态或存储数据有所改变。如果制造商未规定最低的性能水平或可容许的性能丧失,则可从产品说明书、文件及用户按预期使用时对器具的合理期望中推断。

6.7 电压暂降和短时中断

智能马桶的使用过程必然要与电网连接,而电网电压不是一直保持恒定不变的。电压暂降和短时中断是由电网、电力设施的故障或负荷突然出现大的变化引起的。在某些情况下会出现两次或更多次连续的暂降或中断。当出现以上情况时,有可能会对智能马桶造成影响。

电压暂降是指在电气供电系统某一点上的电压突然减少到低于规定的阈限,随后经历一段短暂的间隔恢复到正常值,其波形如图 6-39 所示。

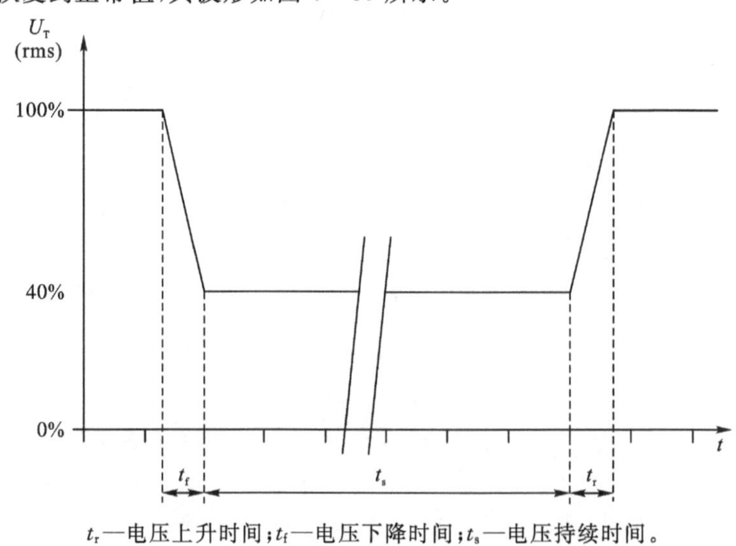

t_r—电压上升时间;t_f—电压下降时间;t_s—电压持续时间。

图 6-39 电压暂降波形

短时中断是指供电系统某一点上所有相位的电压突然下降到规定的中断阈限以下,随后经历一段短暂间隔恢复到正常值，其波形如图 6－40 所示。

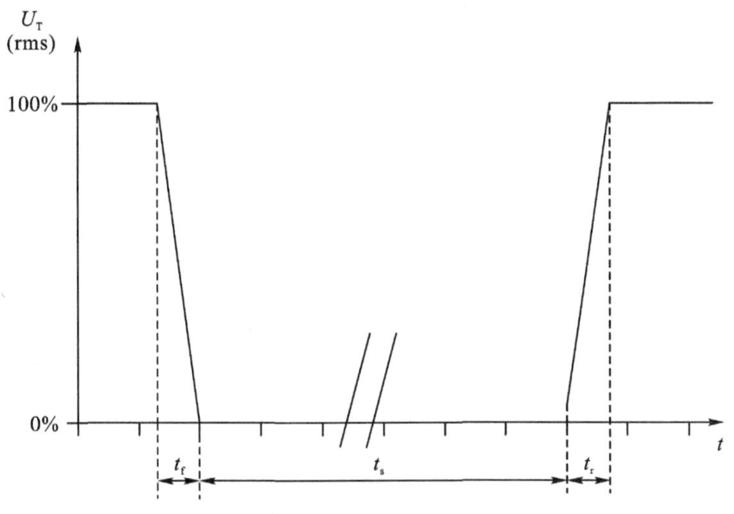

t_r—电压上升时间；t_f—电压下降时间；t_s—电压持续时间。

图 6－40 短时中断波形

本试验就是利用电压跌落试验发生器，模拟产生一定等级的电压暂降和短时中断，判断智能马桶是否受到影响。

6.7.1 试验等级

电压暂降和短时中断试验等级依据标准 GB/T 17626.11—2008，如表 6－11 所示。

表 6－11 电压暂降试验等级和持续时间

类别	电压暂降持续时间(t_s)(50 Hz/60 Hz)				
1 类	根据设备要求依次进行				
2 类	0% 持续时间 0.5 周期	0% 持续时间 1 周期	70% 持续时间 25/30 周期		
3 类	0% 持续时间 0.5 周期	0% 持续时间 1 周期	40% 持续时间 10/12 周期	70% 持续时间 25/30 周期	80% 持续时间 250/300 周期
×类	特定	特定	特定	特定	特定

“10/12 周期”是指“50 Hz 试验采用 10 周期”和“60 Hz 试验采用 12 周期”。
“25/30 周期”是指“50 Hz 试验采用 25 周期”和“60 Hz 试验采用 30 周期”。
“250/300 周期”是指“50 Hz 试验采用 250 周期”和“60 Hz 试验采用 300 周期”。

以智能马桶的额定工作电压(U_T)作为规定电压试验等级的基础。当智能马桶有一个额定电压范围时，应采用如下规定：

(1)如果额定电压的范围不超过其低端的电压值的 20%，则在该范围内可规定一个电压作为试验等级的基准(U_T)。

(2)在其他情况下,应在额定电压范围规定的最低端电压和最高端电压下试验。

U_T 和变化后的电压之间的变化是突然发生的。其阶跃可以在电源电压的任意相位角上开始和停止。采用下述电压试验等级(以%U_T 表示):0%、40%、70%、80%,相对应于暂降后剩余电压为参考电压的 0%、40%、70%、80%。

智能马桶作为家用电器产品,依据标准 GB/T 4343.2—2020,其试验规定如表 6-12 所示。电压暂降试验按照基础标准 GB/T 17626.11—2008 和表 6-11 中的要求进行,不进行 GB/T 17626.11—2008 中的电压短时中断试验。

表 6-12 交流电源输入端口试验规定

环境现象		试验电平 %U_T	电压暂降的持续时间		试验配置
			50 Hz	60 Hz	
电压暂降 %U_T	100	0	0.5 周期	0.5 周期	按 GB/T 17626.11—2008,电压突变在过零处产生
	60	40	10 周期	12 周期	
	30	70	25 周期	30 周期	
U_T 是受试设备的额定电压					

6.7.2 试验设备及布置

电压暂降抗扰度测量的主要设备是电压跌落试验信号发生器。对于智能马桶产品,此项目测试没有规定特殊的环境和试验场地要求。实验室的气候条件只要在制造商规定的智能马桶正常工作的范围内就可。在试验前,应保证设备的供电能保持在 2%的准确度之内,使智能马桶处于正常运行状态。

一体机按照落地式设备进行测试,分体机按照台式设备进行测试,测试时的安装方式与实际使用一致。

用智能马桶制造商规定的,最短的电源电缆把智能马桶连接到电压跌落试验发生器上进行试验。如果无电缆长度规定,则应使用适合于智能马桶所用的最短电缆。综上所述,一体机与分体机的试验布置照片如图 6-41、图 6-42 所示。

6.7.3 试验方法及试验结果

1. 试验方法

应按每一种选定的试验等级和持续时间组合,顺序进行三次电压暂降或中断试验,两次试验之间的最小间隔 10 s。

试验应在每个典型的工作模式下进行,智能马桶一般运行在臀洗或妇洗状态。对于电压暂降,电源电压的变化发生在电压过零处。

密切观察 EUT 的运行情况,是否有功能或性能降低或丧失的情况。

2. 试验结果

电压暂降可能产生的后果如下:智能马桶通信暂时性异常中断;智能马桶设备故障,如死机需要人工重启等。智能马桶误动作,如内部开关误动作等;智能马桶功能异常,如出现臀洗

图 6-41　一体机试验布置照片

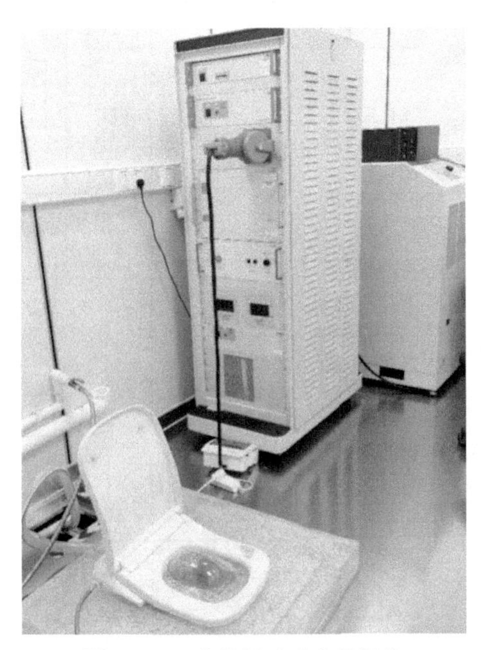

图 6-42　分体机试验布置照片

或妇洗状态等。

根据 GB/T 4343.2—2020 的规定，智能马桶产品电压暂降测试依据性能判据 C，即允许出现暂时的功能丧失，只要这种功能可重启自行恢复，或者是使用者通过操作控制器或按使用说明书规定进行操作来恢复。

第7章　智能马桶电磁兼容设计

7.1　智能马桶电路设计

智能马桶整体电路主要由电源板、主控板、即热模块控制板、电磁阀、步进电机、烘干组件、按键模块、空气泵、换向阀、流量计、连接导线等部件构成，如图7-1所示。下面对智能马桶的一些常规电路设计做简要介绍。

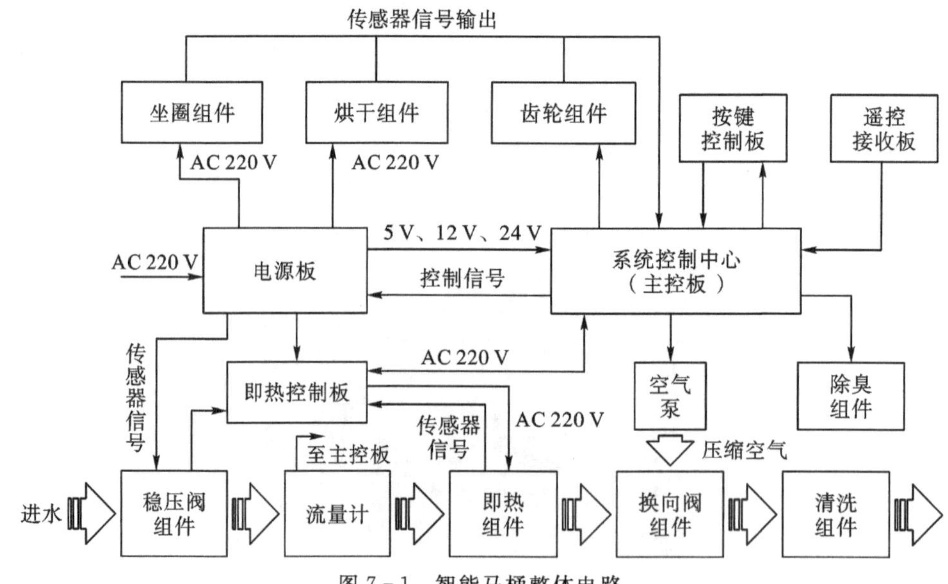

图7-1　智能马桶整体电路

1. 主控板

智能马桶的全自动机电一体化功能均由主控板控制完成。典型的主控板电路如图7-2所示，其主要由开关电源、微控制单元（MCU）、执行线路组成。当微控制单元（MCU）接收到遥控器或按键板的输入指令后，将输入指令转成执行指令，并通过执行线路控制各执行部件工作。

主控板电路框图如图7-3所示，主控板集成了各种控制模块及相关的驱动电路，可实现对可控硅、喷嘴换向阀电机、空气增压泵、喷嘴摆动电机、烘干电机、除臭电机、自动翻盖、坐圈和报警蜂鸣器等功能部件的控制。

例如，电机驱动电路如图7-4所示，主要是通过U1驱动管来实现对电机转动的控制。

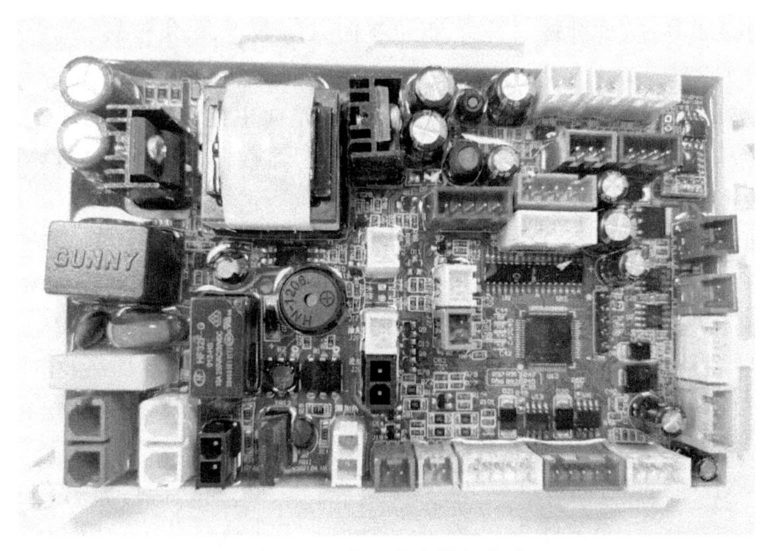

图 7-2　典型的主控板电路

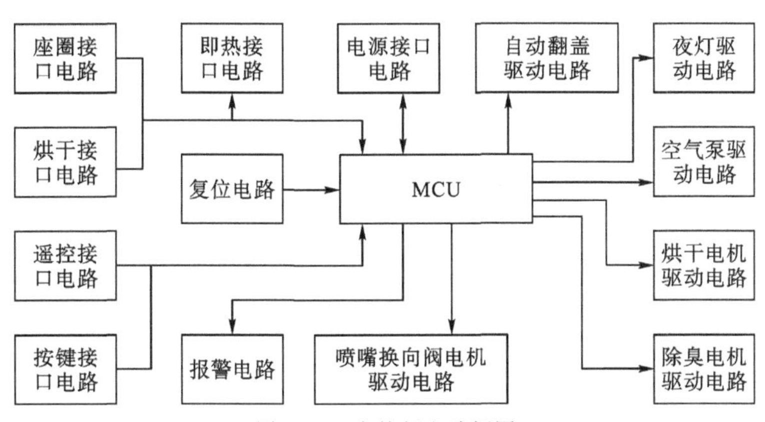

图 7-3　主控板电路框图

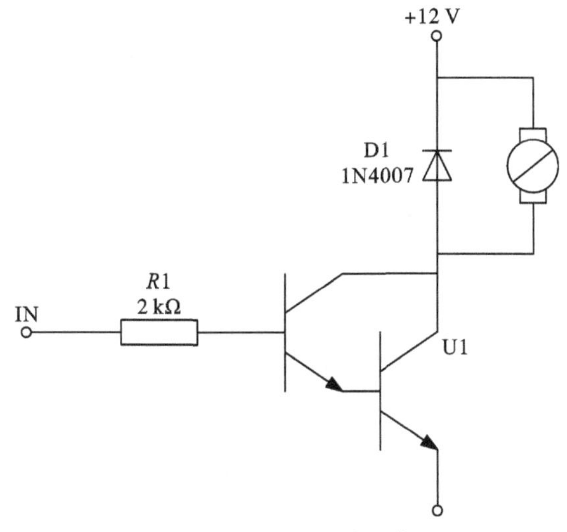

图 7-4　电机驱动电路

当输入高电平时，U1 导通，电机转动；输入低电平时，U1 截止，电机停转。

2. 电源板

电源板一般采用开关电源电路。其主要功能，一是向主控板提供+5 V、+12 V、+24 V的直流电压和 PWM 信号；二是通过板上的可控硅控制器件向坐圈组件、即热组件、烘干组件提供 220 V 交流电压。

电路框图如图 7-5 所示，AC220 V 市电经电源输入滤波电路滤除高频杂波，而后进行整流、滤波，获得 311 V 的直流电压，再通过电开关变换器、开关管和 IC 芯片组成的+5 V、+12 V、+24 V 交流变换器电路，在开关器次级产生所需的脉冲交流电压；最后经过整流、滤波电路产生+5 V、+12 V 和+24 V 直流电压。+5 V 主要为系统控制电路及一般电路供电，+12 V 为烘干电机、除臭电机、冲洗电机、换向阀电机和空气泵电机及报警电路供电，+24 V 为自动翻盖电机供电。其中+5 V 采用次级采样稳压方式。

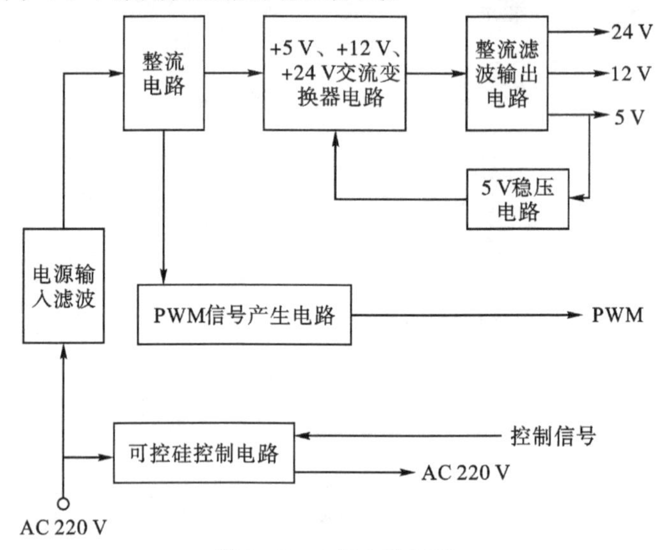

图 7-5　电源电路框图

在电源板中有两个电路比较特殊，一是可控硅控制电路，二是 PWM 产生电路。图 7-6 为某一支路的可控硅控制电路，CTL 信号来自 MCU，该信号通过光耦 U1 控制双向可控硅 Ql 进行启动控制，从而控制交流电自 A 端输入，从 B 端输出。R4、Cl 是 Ql 的保护电路。

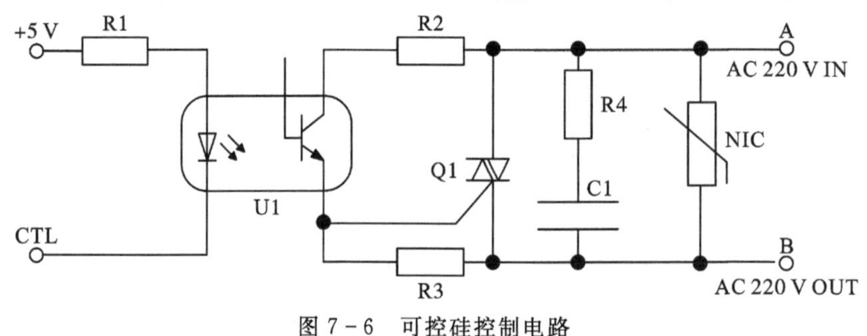

图 7-6　可控硅控制电路

图 7-7 为 PWM 产生电路，AC220 V 市电经 Dl、D2 整流，R5、R6、R7 分压及 Zl 稳压，在 Zl 阴极产生 22 V 脉动电压，该电压经过 R8、R9 分压，并经三极管 Tl 驱动，控制光耦 U2，使光

耦中的光敏三极管输出随光强弱而变化，从而形成 PWM 信号供主控板 MCU 使用。

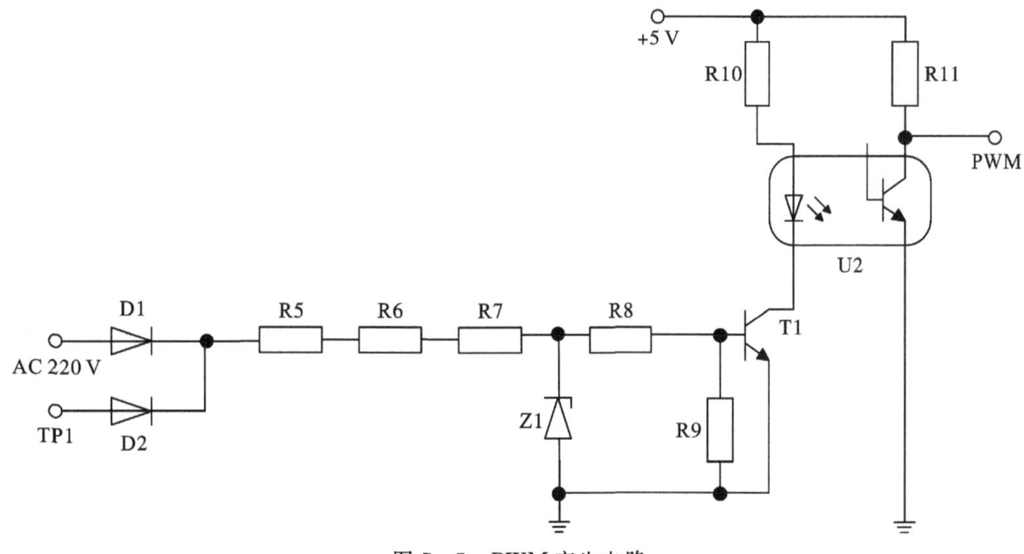

图 7－7　PWM 产生电路

3. 即热控制板

即热控制板用于控制即热组件中陶瓷加热管的加温时间和功率，控制即热体水箱中的水温，便于满足用户的需求。图 7－8 为即热控制板电路框图。系统通过三个温度传感器采集温度信息，并转换为电压值，经放大后送给 MCU，由其判断并输出控制信号到可控硅控制电路，最后由可控硅控制电路对陶瓷加热管进行控制，以达到所需的水温。

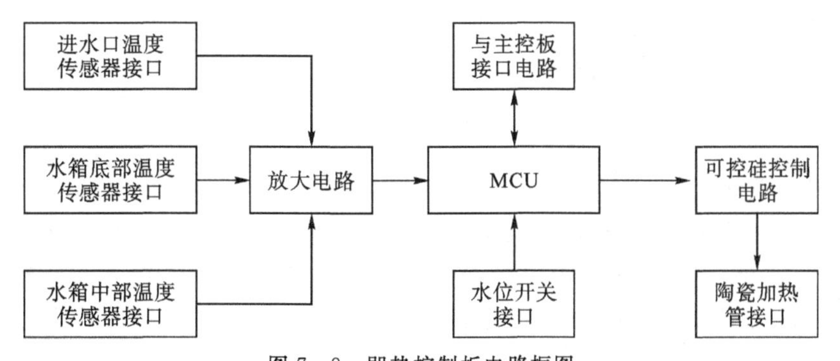

图 7－8　即热控制板电路框图

4. 按键板

按键板由按键和状态显示 LED 组成，以图 7－9 所示的按键电路为例，主要按键有电源 Power、臀洗 Wash 和妇洗 Bidet，分别实现开关机、臀洗、妇洗等功能。

5. 遥控接收板

遥控接收板接收遥控器发出的红外信号，并将其数字信号传给主控芯片。图 7－10 所示为红外接收电路、IR 301 是遥控接收头。

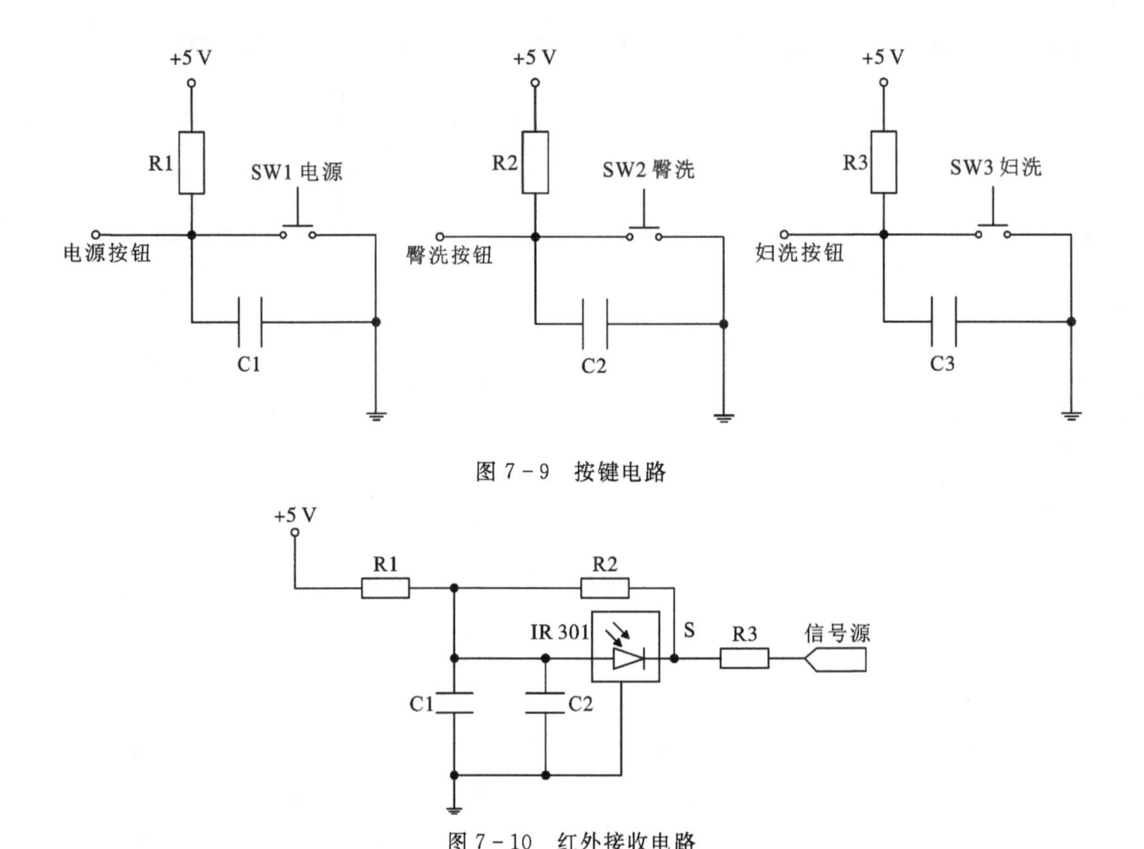

图 7-9 按键电路

图 7-10 红外接收电路

7.2 产品设计与 EMC

7.2.1 产品的结构与 EMC

智能马桶的内部有电路结构，外包裹着陶瓷底座和塑料上盖。电路内部结构较为复杂，连接着多个组件，组件之间的连接线有数十根电线之多。结构如何设计，关系着整体 EMC 性能，良好的结构是解决 EMC 问题的重要途径。实现电磁屏蔽、接地良好的系统以及降低耦合干扰均借助于结构设计。

结构设计是一个系统层面的概念，需站在高屋建瓴的维度去规划一个产品的布局。在一个产品中，EMC 相关的屏蔽设计、滤波设计、接地设计、供电设计等都不能独立存在。产品的信号接口，各组件在产品中的分布，电线电缆的布置、接地点的位置以及接地数量等都会对 EMC 产生非常重要的影响。因此，结构要结合 EMC 因素去设计和规划，尽量避免共模干扰，敏感电路和高阻抗的接地路径设计时要着重考虑，结构设计时尽量避免潜在的容性耦合或者感性耦合，要有良好的低阻抗的瞬态电流泄放回路。

7.2.2 产品的屏蔽与 EMC

屏蔽是两个空间区域之间的金属隔离或类金属隔离，屏蔽电场、磁场和电磁波是由一个空间区域对另一个空间区域的辐射或感应。屏蔽体可将空间区域内的电路、元器件、组件、电线电缆或者系统中的其他干扰源包围起来,防止该空间区域内的电磁干扰向外扩散。同时用屏蔽体将设备、接收电路或者系统中其他易受干扰的设备包围起来,防止它们受到来自外界的电磁干扰。屏蔽体对来自空间电磁波、内部电磁波、电缆、元器件、导线、电路等干扰起着吸收能量(涡流损耗)、反射能量(电磁波在屏蔽体上的反射)和抵消能量(电磁感应在屏蔽体上感应出反向电磁场,可以抵消部分干扰电磁波)的作用,即屏蔽体有减弱干扰的功能。在大多数产品或设备中,主要是利用反射原理进行屏蔽。

屏蔽设计的关键是电连续性,电连续性最好的屏蔽体是全封闭的单一金属壳体,但在实际应用中往往有散热孔、电线孔、其他可动部件等,因此如何设计散热孔、电线孔、可动部件的搭接,是屏蔽设计的要点。只有在孔缝尺寸、信号波长、传播方向、搭接阻抗、衬垫材料等之间进行合理地协调,才能设计出好的屏蔽体。

7.2.3　产品的接地与 EMC

接地是抑制噪声和防止干扰的重要方法,接地可理解为一个等电位点或等电位面,是电路或者系统的基准电位,不一定是大地电位。为防止雷击可能造成的损坏以及保护工作人员的安全,智能马桶的外壳等须与大地相连接,接地电阻要很小,不能超过规定值。

接地是 EMC 设计中非常重要的方面,这个问题不容易直观理解,也很难通过建模去分析,因为有很多无法控制的影响因素,导致许多人对此都不理解,其实每个电路最终都要有一个参考接地源,电路设计之初应首先考虑到接地设计。接地可使不必要的噪声、干扰减小,并对电路进行隔离划分。适当应用 PCB 接地方法和电缆屏蔽可避免很多噪声问题。设计良好的接地系统的一个优点是可以用很低的成本防止不希望有的干扰和发射。所以接地是智能马桶设计中一个非常关键的环节。接地主要有以下作用:

(1)接地可使整个电路系统的所有电路有一个公共的参考零点电位,使得各个电路的地之间没有电位差,可保证电路系统能够稳定工作。

(2)有抗外部电磁干扰的作用。设备外壳接地为瞬态干扰提供了泄放通路,也可使因静电感应而积累在机壳上的大量电荷泄放到大地。否则,这些电荷形成的高压可能使设备内部产生火花放电而造成干扰。

(3)保证设备内部电路安全。当发生直接雷电的电磁感应时,可避免设备的损坏,当工频交流电源的输入电压因绝缘不良或者其他原因直接与外壳相通时,可避免操作人员触电。此外,智能马桶会与人体直接相连,当外壳带有 220 V 或 110 V 的电压时,将发生致命危险。

(4)减小流过产品 PCB(Printed Circuit Board,印刷电路板)的共振干扰电流,同时可避免产品内部的高频 EMI 信号流向产品中的等效发射天线。

设计一个产品时,在设计之初就考虑到接地是最经济的方法。一个良好的接地系统,不仅能从 PCB,而且能从系统的角度防止辐射和进行敏感度防护。在设计时,如果没有重视接地系统,或在对另一个不同产品进行设计时没有重新设计其接地系统,就意味着该系统在 EMC 方面可能存在问题。

7.2.4　PCB 设计与 EMC

PCB 是电子产品最基本的部件,也是绝大部分电子元器件的载体。当一个产品的 PCB 被设计完成后，可以说，其核心电路的骚扰和抗扰特性就基本被确定下来了。要想再提高其电磁兼容特性，就只能通过接口电路的滤波和外壳的屏蔽来“围追堵截”了，这不但会大大增加产品的后续成本，也会增加产品的复杂程度，降低产品的可靠性。

PCB 的工作层面主要包含 6 个大类，分别是机械层、信号层(Signal Layer)、丝印层、内部电源/接地层、防护层、其他工作层面。

信号层的主要功能是放置与信号有关的对象；内部电源/接地层主要用来放置电源和接地线；机械层主要用来放置物理边界和放置尺寸标注等信息，起到提示作用；防护层包括助焊膜和阻焊膜。助焊膜主要用于将表面贴装元器件贴在 PCB 上，阻焊膜用于防止焊锡镀在不应该焊的地方；丝印层主要用来在 PCB 的顶层和底层表面绘制元器件封装的外观轮廓和放置字符串，如元器件的具体标号、标称值、厂家标志和生产日期，使得 PCB 具有可读性。其他工作层面有 4 种，包括钻孔方位层：主要用于标定印刷电路板上钻孔的位置；禁止布线层：主要用于绘制电路板的电气边框；钻孔绘图层：主要用于设定钻孔形状；多层：主要用于设置多面层。

一个好的 PCB 可以解决大部分的电磁骚扰问题，只要在接口电路排版时适当地增加瞬态抑制器件和滤波电路，就可以同时解决大部分的抗扰度和骚扰问题。在 PCB 布线过程中，增强电磁兼容性不会给产品带来附加费用。在 PCB 设计中，如果产品设计师只注重提高产品密度，缩小 PCB 面积、只追求制作简单或美观、布局均匀，而忽视线路布局对电磁兼容的影响，使大量的信号辐射到空间形成干扰，那么这个产品将导致大量的 EMC 问题。

PCB 就像一个完整产品的缩影，它是 EMC 技术中最值得探讨的部分，是设备工作频率最高的部分，同时，往往也是电平最低、最为敏感的部分。PCB 的 EMC 设计实际上已经包含了接地设计、去耦旁路设计等。一个有着良好地平面的 PCB，不但可以降低流过共模电流产生的压降，同时也是减小环路的重要手段。一个 PCB 有着良好去耦与旁路设计，相当于有一个健壮的“体格”。

7.3 滤波、旁路、去耦与谐振

7.3.1 旁路、去耦和储能

(1)旁路：把不必要的共模 RF 能量从元件或者线缆中泄放出去，它提供了一个交流支路把干扰能量或不需要的能量从某个地方泄放出去。另外，它还提供滤波功能。

旁路通常发生在信号与地之间、电源与地之间或者不同地之间。它与去耦的实质有所不同，但是对于电容的使用方法来说是一样的。

(2)去耦：当器件高速开关时，把射频能力从高频器件的电源端泄放到电源分配网络。去耦电容也为器件和元件提供了一个局部的直流源，这对减小电流在 PCB 上传播浪涌尖峰很有用。

为什么要进行电源去耦，如图 7－11 所示，双面板中去耦电容的存在可大大减小电流环路面积。当元件开关消耗直流能量时，没有去耦电容的电源分配网络中将发生一个瞬时尖峰。这是因为电源供电网络中存在着一定的电感，而去耦电容能提供一个局部的、没有电感的或者说很小电感的电源。通过去耦电容，把电压保持在一个恒定的参考点，阻止了错误的逻辑转换，同时还能减小噪声的产生，因为它能提供给高速开关电流一个最小的回路面积来代替元件和远端电源间的大的回流面积。

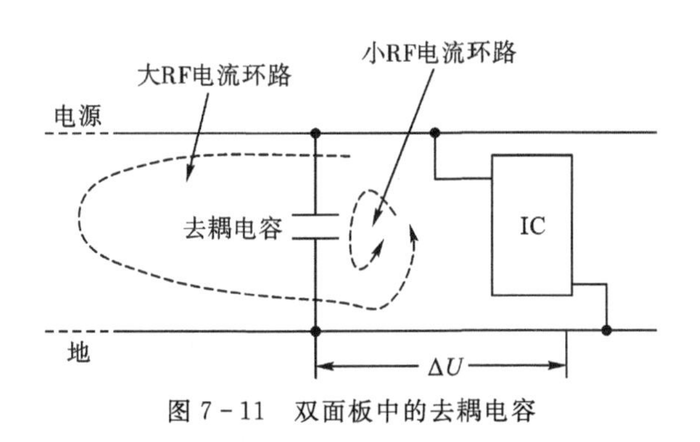

图 7-11　双面板中的去耦电容

(3)储能：当所用的信号脚在最大容量负载下同时开关时，用来保持提供给器件恒定的直流电压和电流。它还能阻止由于元件的 di/dt 电流浪涌而引起的电源跌落。如果说去耦是高频范畴，那么储能可以理解为低频范畴。

旁路和去耦的作用是防止能量从一个电路传到另一个电路中，用于改变干扰能量的传播路径，从而起到抗干扰的作用或降低对外的干扰。

旁路和去耦有什么区别和联系呢？两者的区别与联系总结起来就一句话：去耦就是旁路，旁路不一定是去耦。我们经常提到的去耦、耦合、滤波等说法，是从电容器在电路中所发挥的具体功能角度去称呼的，这些称呼属于同一个概念层次。旁路则是一种途径，比如我们可以这么说：电容器通过将高频信号旁路到地而实现去耦作用。因此，数字芯片电源引脚旁的电容，可称之为去耦电容，也可称为旁路电容，都是对的。如果在应用中要强调其去耦作用，则称之为去耦电容。如果要强调其旁路作用，则称之为旁路电容。

典型的电源滤波电路如图 7-12 所示，对于 1000 μF 的大电容 C1，认为它是滤波电容，也可以认为它是旁路电容，因为它通过将低频扰动旁路到地而达到滤波的作用。

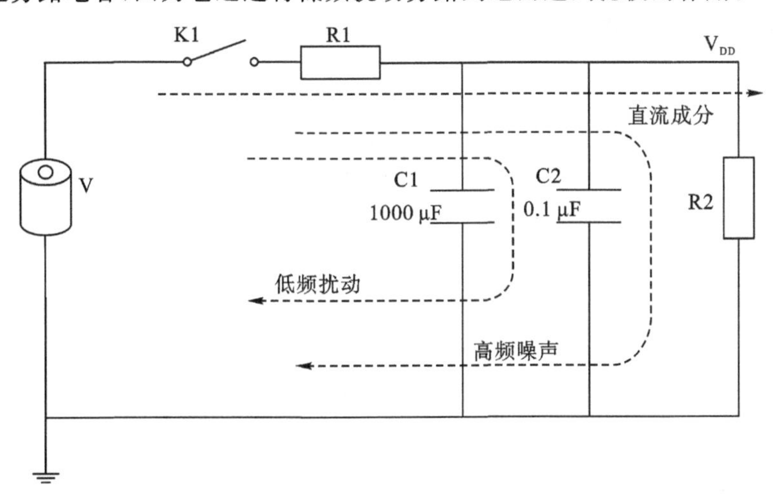

图 7-12　典型的电源滤波电路

电容三点式振荡电路如图 7-13 所示，一般认为图中电容 C3 是旁路电容，而 C4 是耦合电容，但也可以认为 C3 是耦合电容，它利用“隔直通交”的特点将三点式网络的正反馈信号耦合到 Q1 的基级，只不过更多人将其称为旁路电容。通常不能说 C4 是旁路电容，因为既然是旁路，肯定有旁路的对象，C4 被称为耦合电容。

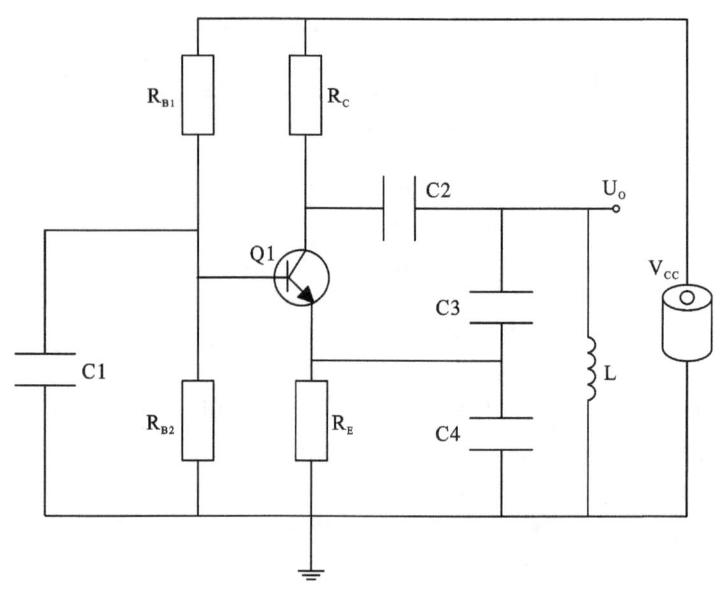

图 7－13　电容三点式振荡电路

基本共射极放大电路如图 7－14 所示，C3 一般称为旁路电容，很少称 C3 为耦合电容。但 C4 电容的叫法就有很多争议了，有人说因为 V_{cc}是从整流滤波电路过来的，C4 也算滤波电容。从功能上讲，挂在 V_{cc}线上的电容总会有滤波作用的，无论其容量是大是小、布局离电源输入是远是近。但从放大电路来讲，这个电容主要作用是去耦，也可以说是旁路。它将电路中可能出现的扰动和噪声旁路到地，通常在功放电路的正负电源并联几个 10 000 μF 的大电容就是这个作用。C4 可以被理解为有储能功能，但低频扰动和高频噪声的来源之一是电源供电不足，储能足够的话自然能降低扰动和噪声。

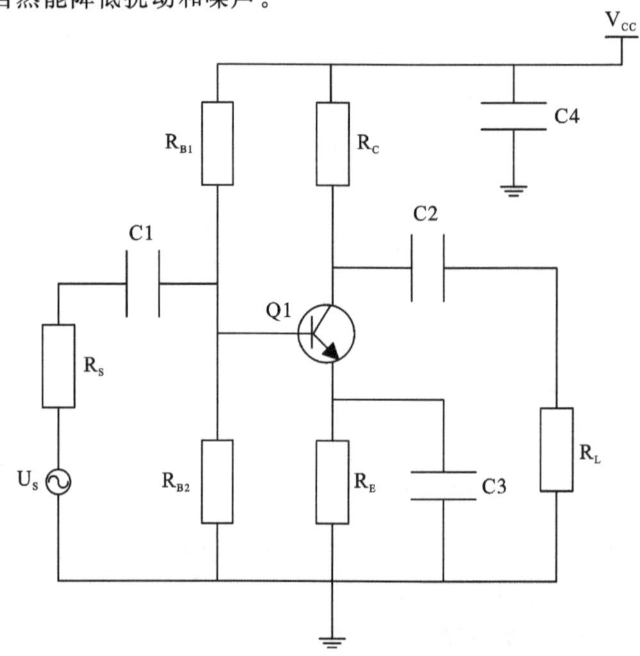

图 7－14　基本共射极放大电路

7.3.2 谐振

实际上，所有的电容都包含一个LCR电路，这里的L是和引线长度有关的电感，R是引线的电阻，C是电容，故电容都是带有引线电感、电阻的，其实际物理特性如图7-15所示。

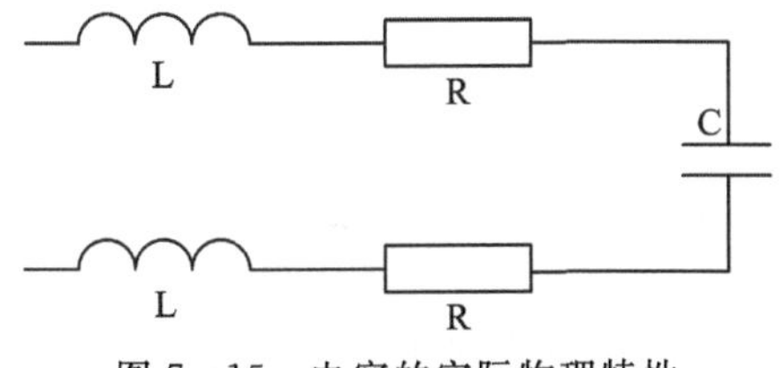

图7-15 电容的实际物理特性

在一定的频率上，L和C串联将产生振荡，会提供非常低的阻抗。在自谐振点以上的频率，电容的阻抗随感性的增加而增加，电容将不再起旁路和去耦的作用。旁路和去耦受电容的引线电感、电容和元件间的走线长度、通孔焊盘等影响。电容的自谐振频率如表7-1所示。

表7-1 电容的自谐振频率

电容值	插件0.25英寸引脚	表贴0805
1.0 μF	2.6 MHz	5 MHz
0.1 μF	8.2 MHz	16 MHz
0.01 μF	26 MHz	50 MHz
1000 pF	82 MHz	159 MHz
500 pF	116 MHz	225 MHz
100 pF	260 MHz	503 MHz
10p F	821 MHz	1.6 GHz

表贴电容的自谐振频率较高，尽管在实际应用中，它的连接线电感也会减小其优势。较高的自谐振频率是因为小包装尺寸的径向和轴向电容的引线电感较小。不同封装尺寸的表贴电容，其引线电感也不同，自谐振频率也不同。

在实际电路设计中，时钟等周期工作电路元件要进行重点去耦处理。这是因为这些元件产生的开关能力相对集中，幅度较高，并会注入电源与地的分配系统中。这种能力将以共模和差模的形式传到其他电路或子系统中。去耦电容的自谐振频率必须高于抑制时钟谐波的频率。

当电路中信号沿为2 ns或更小时，选择自谐振频率为10 MHz～30 MHz的电容。常用的去耦电容为0.1 μF并上0.001 μF，但是因为它的感抗太大、充放电时间太慢，不能用做200 MHz～300 MHz以上频率的供电电源。一般PCB电源层与地层之间分布电容的自谐振频率在200 MHz～400 MHz的范围内，如果元器件工作频率很高，只有借助PCB层结构的自谐振频率来提供很好的EMI抑制效果，通常具有1平方英尺(929.03 cm^2)面积的电源层与地层平面，当距离为1 mil(25.4 μm)时，其间电容为225 pF。

在PCB上进行元件放置时，要保证有足够的去耦电容，特别是对时钟发生电路来说，还要保证旁路和去耦电容的选取要满足预期的应用。自谐振频率要考虑所有要抑制的时钟的谐波，通常情况下，要考虑原始时钟频率的五次谐波。

有效的容性去耦是通过在PCB上适当放置电容来实现的。随意放置或过度使用电容是对材料的浪费，有时战略性地放几个电容将起到很好的去耦效果。在实际应用中，两个电容并联使用能提供更宽的抑制带宽，这两个并联电容必须有不同的数量级如0.1 μF和0.001 μF或容值相差100倍，以达到最佳的效果。

7.4 对干扰措施的软件处理方法

程序会由于电磁干扰，大致出现以下两种情况：

(1)程序跑飞。这种情况是最常见的干扰结果，一般来说有一个好的复位系统或软件侦测系统，就会消除对整个运行系统的影响。

(2)死循环或不正常程序代码运行。当然这种死循环和不正常程序代码并非设计人员有意写进程序的，我们知道程序的指令是由字节组成的，有的是单字节指令，而有的是多字节指令，当干扰产生会使PC指针发生变化，从而使原来的程序代码发生了重组。这种错误是致命的，它有可能会修改重要的数据参数，也有可能产生不可预测的控制输出等一系列错误状态。

电磁干扰源所产生的干扰信号，在一些特定的情况下(比如电磁环境比较恶劣的情况)是无法完全消除的，终将会进入MCU处理核心单元，这样一些大规模集成电路经常会受到干扰，导致不能正常工作或在错误状态下工作。特别是像RAM这种利用双稳态进行存储的器件，往往会在强干扰下发生翻转，使原来存储的"0"变为"1"，或者"1"变为"0"；一些串行传输的时序及数据会因干扰而发生改变；更严重的会破坏一些重要的数据参数等，造成的后果往往是很严重的。在这种情况下软件设计的好坏，直接影响到整个系统抗干扰能力的高低。具体的软件设计，一般有以下两种方式。

1. 对RAM和FLASH(ROM)的检测

在编制程序时，我们最好编写一些检测程序来测试RAM和FLASH(ROM)的数据代码，看有无发生错误，一旦发生要立即纠正，纠正不了的要及时给出错误提示，以便用户处理。

另外，在编制程序时加载冗余机制是必不可少的。在特定的位置编制三条或三条以上NOP指令，能够有效防止程序跑飞。同时，在程序的运行状态中要引进标记性数据，从而有利于及时发现和纠正错误。

2. 对重要参数的错误检测

一般情况下，我们可以采用错误检测与纠正来有效减少或避免这种情况的出现。我们再来看看检错和纠错的基本原理，进行差错控制的基本思路是在信息码组中以一定规则加进不同方式的冗余码，以便在信息读出的时候依靠多余的监视码或校验码来发现或自动纠正错误。

根据检错、纠错的原理，主要思路是在数据写进时，根据写进的数据产生一定位数的校验码，与相应的数据一起保存起来；当读出时，同时也将校验码读出，进行判决。假如出现一位错误则自动纠正，将正确的数据送出，并同时将改正以后的数据回写覆盖原来错误的数据；假如出现两位错误则产生中断报告，通知MCU进行异常处理。

所有这一切动作都是靠软件设计自动完成的，具有实时性和自动性的特点。通过这样的设计，能大大提高系统的抗干扰能力，从而增强系统的可靠性。

7.5 电磁兼容不合格常见整改措施

对产品进行 EMC 整改时，首先应考虑到单个产品整改与批量生产时的差异性。一般来说，EMC 整改时会对产品各个部分进行仔细调整，所使用的对策及元器件都是反复挑选的。而在批量生产时，由于生产为流水线作业，很难对产品各个部分仔细调整，再加上所采用元器件的批量离散性，批量生产产品的 EMC 性能也会参差不齐。只有在产品整改时为这种差异留下足够的裕量，才能保证批量生产产品的 EMC 标准符合性。

若批量生产的工艺一致性控制良好，所使用元器件的一致性很好，同时考虑到实验室测试设备不确定度，传导骚扰的整改至少要有 4 dB 的裕量；辐射骚扰的整改至少要有 6 dB 的裕量。

若工厂的生产工艺一致性控制不是特别到位(如主要是手工或半手工操作，而非计算机控制的自动化操作)，所采用的元器件离散性较大，建议裕量至少再提高 3 dB。

必要时，可通过对 EMC 整改后批量生产的产品抽取至少三台样品进行相关项目检测，以确定是否均满足标准要求及结果的离散性如何，是否符合标准中对批量产品测试的标准符合性的判定准则。若都合格，则可判断该整改措施是合适且有效的。

7.5.1 EMC 三个重要规律

EMC 不是光靠理论就能完全解决的，EMC 是一项实践工程。认识和利用 EMC 领域三个重要规律，实践中坚持运用，必然收到事半功倍的效果。

1. EMC 费效比关系规律

EMC 问题越早考虑，越早解决，费用越小，效果越好。在新产品研发阶段就进行 EMC 设计，比等到产品 EMC 测试不合格才进行改进，费用可以大大节省，效率可以大大提高；反之，效率就会大大降低，费用也会大大增加。经验告诉我们，在功能设计的同时进行 EMC 设计，到样板、样机完成则通过 EMC 测试，是最省时间和最有经济效益的。相反，产品研发阶段不考虑 EMC，投产以后发现 EMC 不合格再进行改进，非但技术上会带来很大难度、而且返工必然带来费用和时间的大大浪费，甚至由于涉及结构设计、PCB 设计的缺陷，无法实施改进措施，导致产品不能上市。

2. 高频电流环路面积越大，EMI 辐射越严重

电磁辐射大多是智能马桶的高频电流环路产生的，最恶劣的情况就是开路天线形式。对应处理方法就是减少、减短连线，减小高频电流回路面积，尽量消除任何非正常工作需要的天线，如不连续的布线或有天线效应的元器件过长的插脚。减少辐射骚扰或提高射频辐射抗干扰能力的最重要任务之一，就是想方设法减小高频电流环路面积。

3. 环路电流频率越高，引起的 EMI 辐射越严重

电磁辐射场强随电流频率的平方成正比增大，减少辐射骚扰或提高射频辐射抗干扰能力的最重要途径之一，就是想方设法减小骚扰源高频电流频率，即减小骚扰电磁波的频率。

7.5.2 常见整改措施

对常见电磁兼容不合格，综合采用以下整改措施，一般可解决大部分问题。

(1)屏蔽问题。加强屏蔽、减少缝隙,可以在屏蔽体的装配面处涂导电胶,或者在装配面处加导电衬垫,甚至采用导电金属胶带进行补救。导电衬垫可以是编织的金属丝线、硬度较低易于塑型的软金属(铜、铅等)、包装金属层的橡胶、导电橡胶或者是梳状簧片接触指状物等。

(2)布局布线问题。在不影响性能的前提下,适当调整设备内部各部件之间的布局、电缆走向和排列,以减小不同类型的部件、电缆间的相互影响。

(3)接地问题。加强接地的性能,降低接地电阻,对于设备整体要有单独的低阻抗接地。

(4)接口问题。加强接口的滤波,加强外壳与屏蔽层的连接,在智能马桶电源线上改进或加装滤波器。

(5)电缆问题。正确选择传输电缆;电缆的屏蔽层正确接地;改变普通的小信号或高频信号电缆为带屏蔽的电缆;改变普通的低频、大电流信号或数据传输信号电缆为对称绞线电缆。

(6)关键部位的处理。对重要部件、板卡、器件进行屏蔽、隔离处理,如加装接地良好的金属隔离舱或小的屏蔽罩等。

(7)电路和电源问题。改进或增加电源、电路的滤波,以旁路去其高频干扰。

第 8 章 智能马桶的典型电磁兼容整改

8.1 端子骚扰电压

智能马桶为消费者提供了舒适、优美的生活和工作环境，马桶也由原先单一的卫浴产品，演变成集多功能于一体的智能电子产品。现今的智能马桶功能如此强大，其产品内部必然存在各种控制电路、信号处理电路、显示电路、晶体振荡器、开关电源电路、电动机和保护电路等，这些电路在正常工作时会产生从低频到高频的交变信号，部分信号是电路正常工作所必需的，部分信号是电路非有意产生的。这些交变信号会通过电源线等导体向外传播，并通过这些导线传输到与其相连的其他电子产品，对这些产品形成干扰，这类信号称为传导骚扰，也即端子骚扰电压。

端子骚扰电压的测试实质就是测试干扰电流流过 50 Ω 阻抗(人工电源网络内部对地的 1 kΩ与接收机输入阻抗 50 Ω 并联所得)所产生的压降。其中流过 50 Ω 阻抗的电流有共模电流和差模电流，差模电流从智能马桶电源的一端流出，另一端流回，大小相等、方向相反。共模电流是从智能马桶电源正负极同向流出，流入大地，大小相等、方向相同。干扰电流流入人工电源网络的原理图如图 8－1 所示。

8.1.1 不合格典型原因

电源端子骚扰电压干扰问题是否产生取决于引入信号的大小、系统对噪声的抑制能力和接地结构。开关电源线上的传导干扰信号，可用共模和差模干扰信号表示，其等效电路如图 8－2 所示。共模噪声等效电路，可等效为一个电容 C_p 和电阻 R_p 并联分布的容性高阻抗电流源；差模噪声等效电路由两部分组成，电容 C_p'和电阻 R_p'并联分布组成的高阻抗电路，和串联分布电感 L_s 和电阻 R_s 组成的低阻抗电路，这两部分电路不同时存在。干扰信号可能是差模的，也可能是共模的。根据干扰类型，依据等效电路模型，选取相应滤波网络。

端子骚扰电压测试超标的原因有很多，智能马桶内部的结构设计、接地设计，以及一些关键元器件的选择，都会直接影响测试结果。结合三要素法，首先要找到内部能够使智能马桶测试失效的源头，然后针对不同的干扰源，分析源特性，判断干扰传输路线，最后采取相应的措施。

图 8－3 很清晰地标示了多数情况下，智能马桶内部所有可能的干扰源，以及干扰是如何

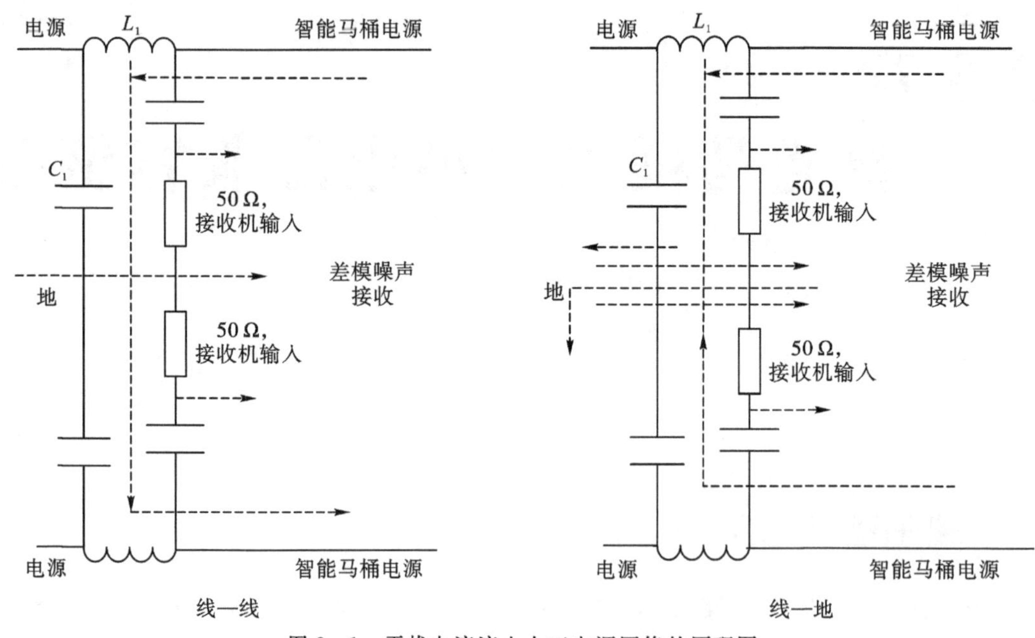

图 8－1　干扰电流流入人工电源网络的原理图

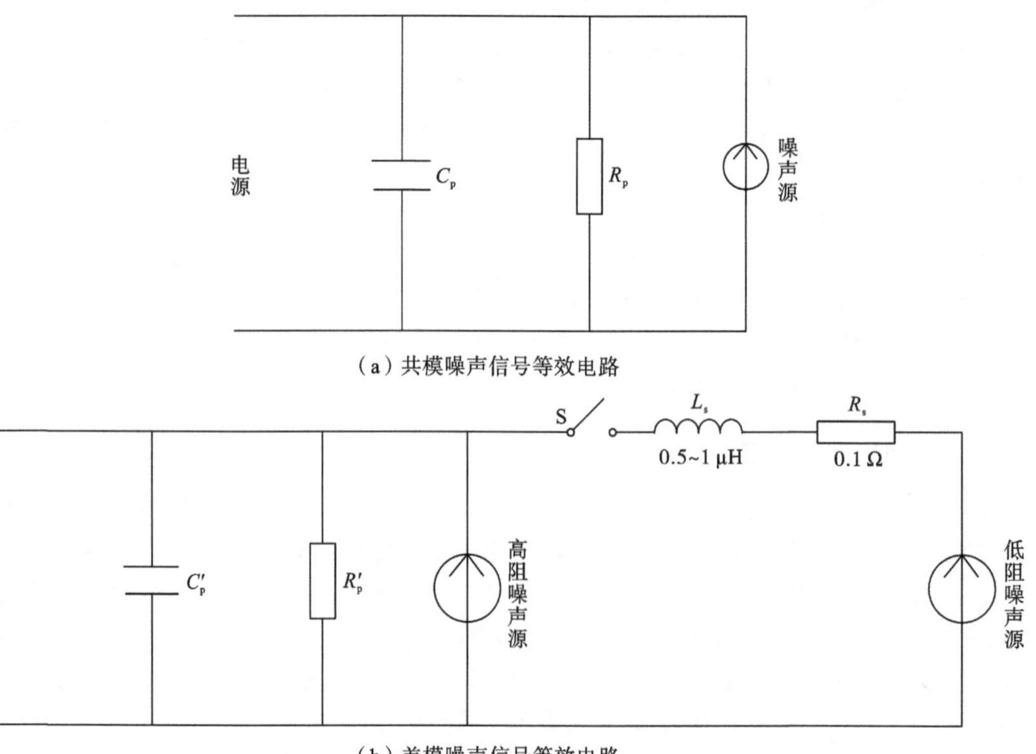

(a) 共模噪声信号等效电路

(b) 差模噪声信号等效电路

图 8－2　共模、差模等效电路

传播和传输的。

(1)开关电源或 DC/DC 变换器工作在脉冲状态，它们本身会产生很强的干扰，这种干扰既有共模的，也有差模的。对于一般开关电源和变换器，频率在 1 MHz 以下以差模为主，在 1 MHz 以上以共模为主。

(2)数字电路的工作电流是瞬变的，虽然在每个电路芯片的旁边和电路板上都安装了去耦电容，但还是有一部分瞬态电流反映在电源中，沿着电源线传导发射。

(3)智能马桶壳体内的电路板、电缆都是辐射源，这些辐射能量会感应进电源线和电源电路本身，形成骚扰电压。需要注意的是，当壳体内各种频率的信号耦合进电源电路时，由于电源内有许多二极管、三极管电路，会使这些不同频率的信号发生混频、调制，甚至对干扰进行放大，从而导致严重的干扰。

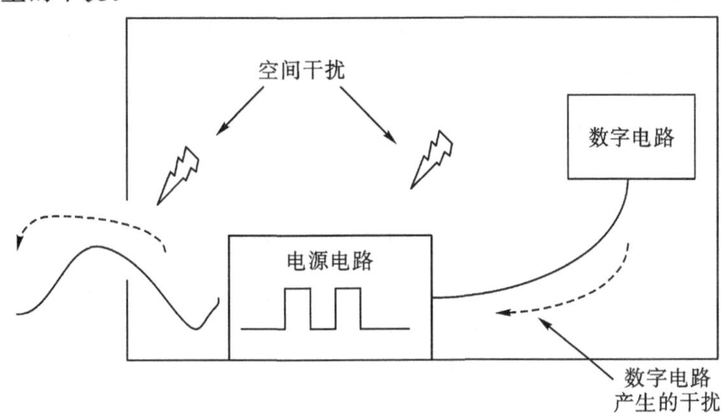

图 8-3　干扰源的传播

8.1.2　整改对策

通过以上对端子骚扰电压超标产生的原因分析，下面针对性提出八大对策。

1. 尽量减少每个回路的有效面积

端子骚扰电压分差模干扰和共模干扰两种。先来看看骚扰是怎么产生的，如图 8-4 所示，回路电流产生骚扰电压，这里面有好几个回路电流，可以把每个回路都看成是一个感应线圈，或变压器线圈的初、次级，当某个回路中有电流流过时，另外一个回路中就会产生感应电动势，从而产生干扰。减少干扰的最有效方法就是尽量减少每个回路的有效面积。

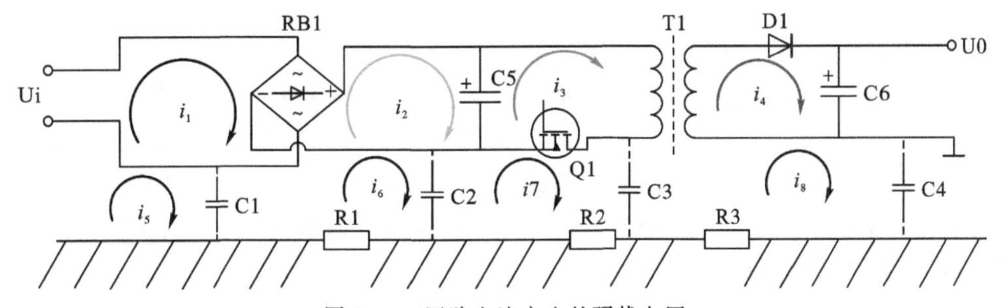

图 8-4　回路电流产生的骚扰电压

2. 屏蔽、减小各电流回路面积及带电导体的面积和长度

如图 8-5 所示，e1、e2、e3、e4 为磁场对回路感应产生的差模干扰信号；e5、e6、e7、e8 为磁场对地回路感应产生的共模干扰信号。共模信号的一端是整个线路板，另一端是大地。线路

板中的公共端不能算为接地，不要把公共端与外壳相接，除非机壳接大地，否则，公共端与外壳相接，会增大辐射天线的有效面积，共模辐射干扰更严重。降低辐射干扰的方法，一个是屏蔽，另一个是减小各个电流回路的面积（磁场干扰），和带电导体的面积及长度（电场干扰）。

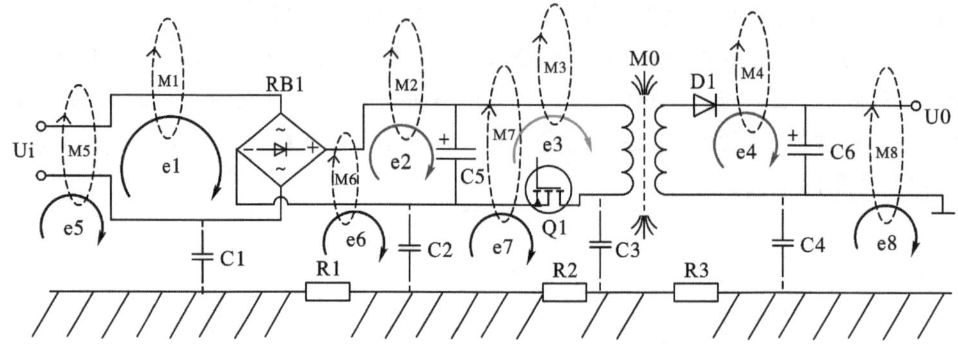

图 8－5　屏蔽、减小各电流回路面积及带电导体的面积和长度

3. 对变压器进行磁屏蔽、尽量减少每个电流回路的有效面积

如图 8－6 所示，在所有电磁感应干扰之中，变压器漏感产生的干扰是最严重的。如果把变压器的漏感看成是变压器感应线圈的初级，则其他回路都可以看成是变压器的次级。因此，在变压器周围的回路中，都会被感应产生干扰信号。减少干扰的方法，一方面是对变压器进行磁屏蔽，另一方面是尽量减少每个电流回路的有效面积。

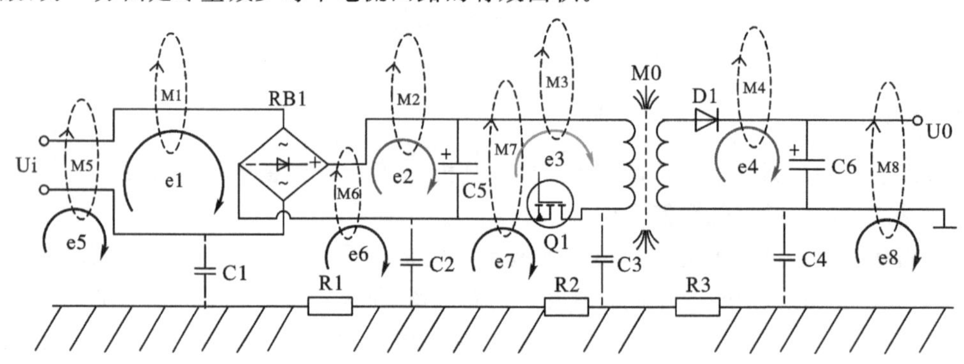

图 8－6　变压器漏磁对回路产生的电磁感应

4. 用铜箔对变压器进行屏蔽

如图 8－7 所示，对变压器屏蔽，主要是减小变压器漏感磁通对周围电路产生电磁感应干扰，以及对外产生电磁辐射干扰。从原理上来说，非导磁材料对漏磁通是起不到直接屏蔽作用的。但铜箔是良导体，交变漏磁通穿过铜箔的时候会产生涡流，而涡流产生的磁场方向正好与漏磁通的方向相反，部分漏磁通就可以被抵消，因此，铜箔对磁通也可以起到很好的屏蔽作用。

5. 采用双线传输和阻抗匹配

如图 8－8 所示，两根相邻的导线，如果电流大小相等，电流方向相反，则它们产生的磁力线可以互相抵消。对于干扰比较严重或比较容易被干扰的电路，尽量采用双线传输信号，不要利用公共地来传输信号，公共地电流越小干扰越小。当导线的长度等于或大于四分之一波长时，传输信号的线路一定要考虑阻抗匹配，不匹配的传输线会产生驻波，并对周围电路产生很强的干扰。

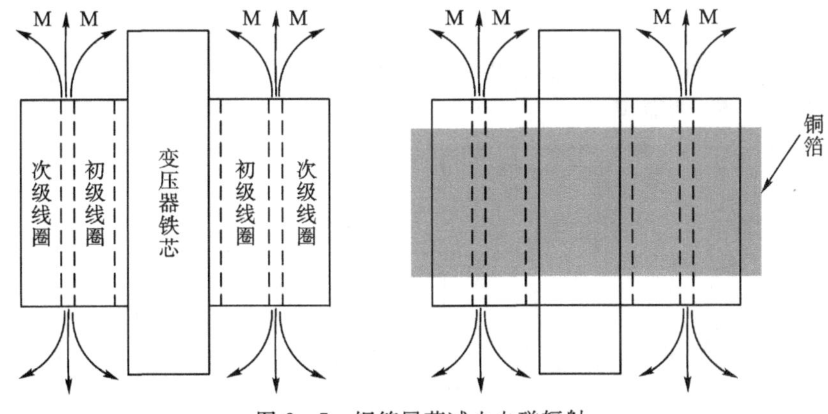

图 8－7　铜箔屏蔽减少电磁辐射

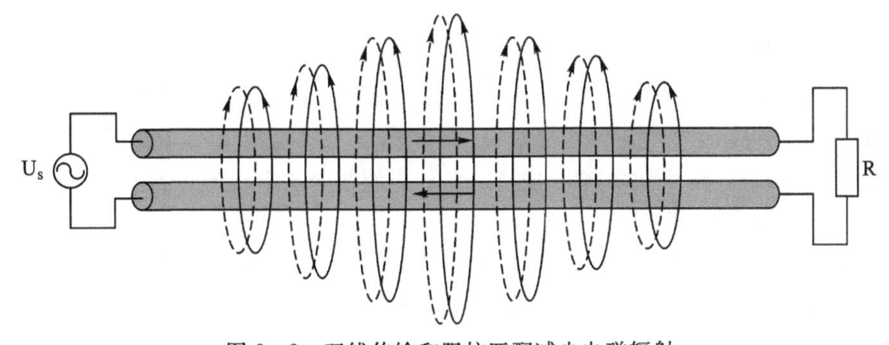

图 8－8　双线传输和阻抗匹配减少电磁辐射

6. 减小电流回路的面积

如图 8－9 所示，干扰主要是流过高频电流回路产生的磁通窜到接收回路中产生的，因此，要尽量减小流过高频电流回路的面积和接收回路的面积。式中：e_1、Φ_1、S_1、B_1 分别为辐射电流回路中产生的电动势、磁通、面积、磁通密度；e_2、Φ_2、S_2、B_2 分别为接收电流回路中产生的电动势、磁通、面积、磁通密度。

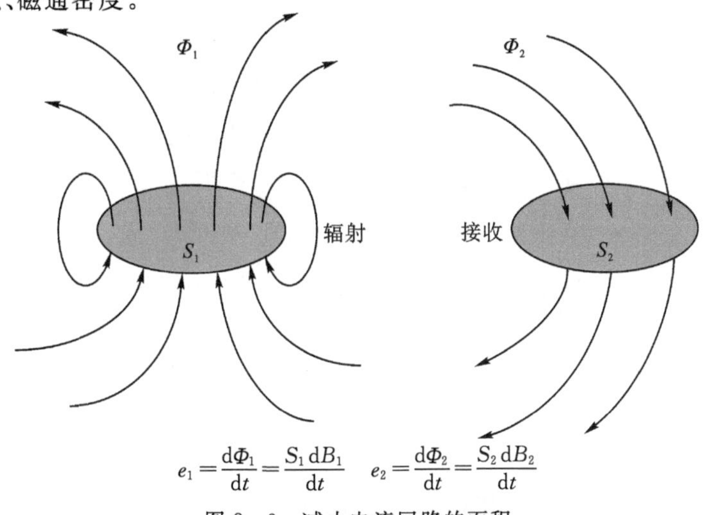

$$e_1=\frac{\mathrm{d}\Phi_1}{\mathrm{d}t}=\frac{S_1\mathrm{d}B_1}{\mathrm{d}t}\qquad e_2=\frac{\mathrm{d}\Phi_2}{\mathrm{d}t}=\frac{S_2\mathrm{d}B_2}{\mathrm{d}t}$$

图 8－9　减小电流回路的面积

下面以图 8－10 所示为例，对电流回路辐射进行详解。图中，S1 为整流输出滤波回路，C1 为储能滤波电容，i_1 为回路高频电流，此电流在所有的电流回路中最大，其产生的磁场干扰也最严重，应尽量减小 S1 的面积。

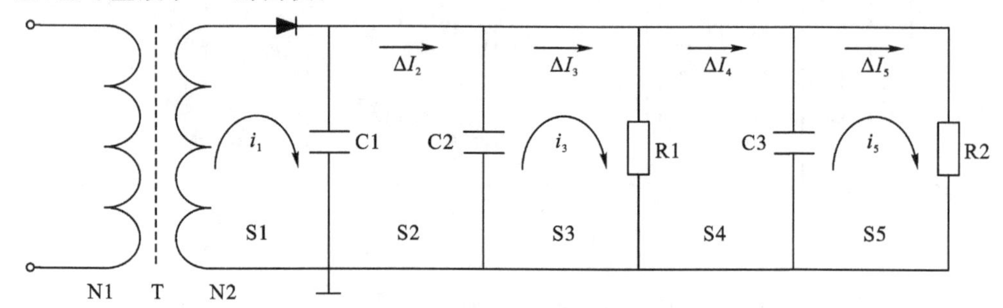

图 8－10 电流回路辐射

在 S2 回路中，基本上没有高频回路电流，ΔI_2 主要是电源纹波电流，高频成分相对很小，所以 S2 的面积大小基本上不需要考虑。C2 为储能滤波电容，专门为负载 R1 提供能量，R1、R2 不是单纯的负载电阻，而是高频电路负载，高频电流 i_3 基本上靠 C2 提供，C2 的位置相对来说非常重要，它的连接位置应该考虑使 S3 的面积最小，S3 中还有一个 ΔI_3，它主要是电源纹波电流，也有少量高频电流成分。

在 S4 回路中，基本上也没有高频回路电流，ΔI_4 主要为电源纹波电流，高频成分相对很小，所以 S4 的面积大小基本上也不需要考虑。S5 回路的情况基本上与 S3 回路相同，i_5 的电流回路面积也应要尽量小。

7. 不要采用多个回路串联供电

图 8－10 中的几个电流回路，互相串联在一起进行供电，很容易产生电流共模干扰，特别是在高频放大电路中，会产生高频噪声。电流共模干扰的原因是 $\Delta I_2=\Delta I_3+\Delta I_4+\Delta I_5$。而图 8－11 中各个电流回路，互相分开，采用并联供电，每个电流回路都是独立的，不会产生电流共模干扰。

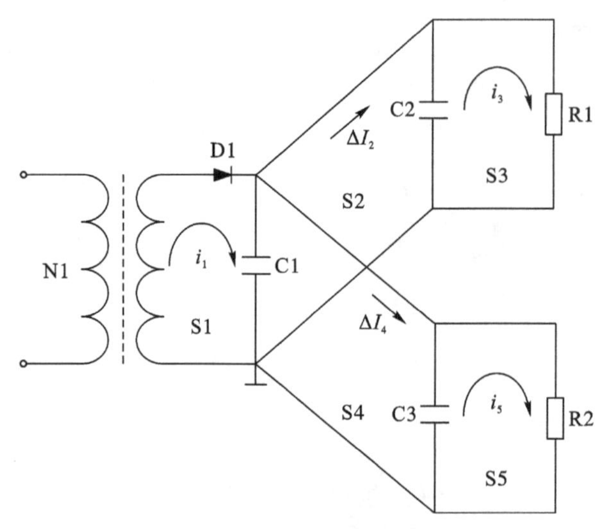

图 8－11 多回路并联供电

8. 避免干扰信号在电路中产生谐振

如图 8 - 12 所示，共模天线的一极是整个线路板，另一极是连接电缆中的地线。要减小干扰最有效的方法是对整个线路板进行屏蔽，并且外壳接地。磁场干扰的原因是在导体或回路中有高频电流流过，应该尽量减小线路板中电流回路的长度和面积。频率越高，干扰就越严重；当载流体的长度可以与信号的波长比拟时，干扰信号将增强。当载流体的长度正好等于干扰信号四分之一波长的整数倍时，干扰信号会在电路中产生谐振，这时干扰最强，这种情况应尽量避免。

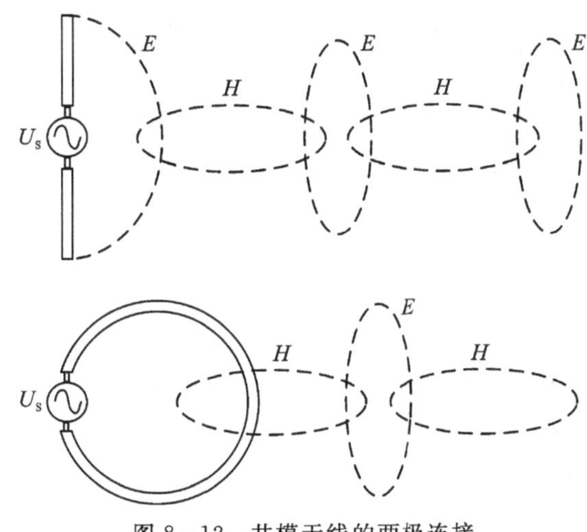

图 8 - 12　共模天线的两极连接

8.2　辐射骚扰

8.2.1　不合格典型原因

造成辐射骚扰超标的原因是多方面的，接口滤波不好，结构屏效低，电缆设计有缺陷都有可能导致辐射骚扰超标，但产生辐射骚扰的根本原因却是在 PCB 的设计上。从 EMC 方面来考虑 PCB，主要应关注以下几个方面：

(1)从减小辐射骚扰的角度出发，应尽量选用多层板，内层分别作电源层、地线层，用以降低供电线路阻抗，抑制公共阻抗噪声，对信号线形成均匀的接地面，加大信号线和接地面间的分布电容，抑制其向空间辐射的能力。

(2)电源线、地线、印刷板走线对高频信号应保持低阻抗。在频率很高的情况下，电源线、地线或印制板走线都会成为接收与发射骚扰的小天线。降低这种骚扰的方法除了加滤波电容外，更值得重视的是减小电源线、地线及其他印制板走线本身的高频阻抗。因此，各种印制板走线要短而粗，线条要均匀。

(3)电源线、地线、印制导线在印制板上的排列要恰当，尽量做到短而直，以减小信号线与回线之间所形成的环路面积。

(4)电路元件和信号通路的布局必须最大限度地减少无用信号的相互耦合。

当然，在 PCB 的不同设计阶段所关注的问题点也不同。另外，大多数智能马桶产品没能通过辐射骚扰试验的原因是电缆的辐射或壳体的泄漏。

(1)电缆辐射。I/O 电缆或电源电缆，由于其屏蔽层与机架或壳体搭接不好或缺少足够的滤波或简单地穿过屏蔽壳体，所以通常会辐射高频谐波。通常情况下，200 MHz 以下不合格的原因为电源电缆辐射。较低频率的发射通常都是由电缆产生的，它们的物理长度使得其能成为好的天线(天线越大，它们的发射更为有效)。电缆通常为智能马桶的最长部分，从而为最低频的发射源。

(2)设备机壳，较高频率(通常大于 200 MHz)的发射普遍来自智能马桶的机壳。在较高频率，I/O 电缆通常为感性，因此对于射频电流来说，其阻抗要比机壳的大。基于此原因，机壳上的射频电流通常会产生辐射。

一种常见的辐射源为机壳上的缝隙。智能马桶内的电路板能在机壳的内表面上产生电流。这些高频电流可从缝隙或间隙泄漏出去，然后在智能马桶机壳或壳体外部附近流动。因此，整个壳体成了发射天线。一种例外情况是当电流被耦合到机壳上的点非常接近发射源时，它们中的大多数能够返回到发射源。这就是为什么在电路板上或电路板的参考返回平面上使用旁路电容是非常好的，原因就是它们能与机壳实现很好的搭接。

然而，当高频电流在设备的壳体内部流动，到达缝隙时，肯定能够很容易地流过这个接缝点。几兆欧的阻抗将在缝隙上产生电压，从而产生辐射(强的电场)。应指出的是，水平缝隙从其顶部到底部将具有电压梯度或矢量，能产生垂直极化的电场；垂直的缝隙主要产生水平极化的电场。一种好的故障排除技术是，指出电场(假设使用的是电场天线)的主要极化，然后确定这种电场是否是由搭接不好的缝隙产生的。

8.2.2 整改对策

综上所述，智能马桶的辐射骚扰超标有两种可能：一种是智能马桶外壳的屏蔽性能不完善；另一种是射频干扰经由电源线和其他线缆逸出。判断方法是拔掉不必要的电线和电源插头或者将电缆长度减小至最短，继续做试验，如果没有任何改善迹象，则应怀疑是智能马桶外壳屏蔽性能不完善；如果有所改善，则有可能是线缆的问题；如果针对以上两种可能采取了必要措施后仍然没有任何改善，则有可能是设备上余下线缆的问题。

(1)非金属机壳引起的辐射问题。处理非金属机壳的辐射发射超标主要有以下几个措施：

①对机壳进行导电性喷涂，特别要注意结合部分的缝隙也要进行喷涂，保证机壳有导电性的连接。

②对产生辐射骚扰和可能产生辐射骚扰的部位采取局部屏蔽，并对所有进入或离开屏蔽体的导线进行滤波或套上吸收磁环。

③重新考虑内部布线和印制电路板的布局，尽可能使信号及其回线的环路最小。

(2)在电路板下放置一块金属板，金属板与电路板之间的距离尽量小，如果电路板是双层板，甚至是单层板，需将金属板与电路板的信号地多点连接起来，以改善信号地的质量。如果电路板是四层以上的电路板，由于本身的信号地已经很好，仅需要将金属板与电路板的地线在 I/O 接口处相连。

(3)内部互连电缆的处理如图 8-13 所示，应避免从电路板上方跨过，尽量靠近电路板下方的金属板，必要时采用屏蔽电缆，屏蔽层与金属板以低阻抗搭接起来。

(4)非屏蔽机壳的电源处理如图 8-14 所示，应采用高频性能良好的电源线滤波器，滤波

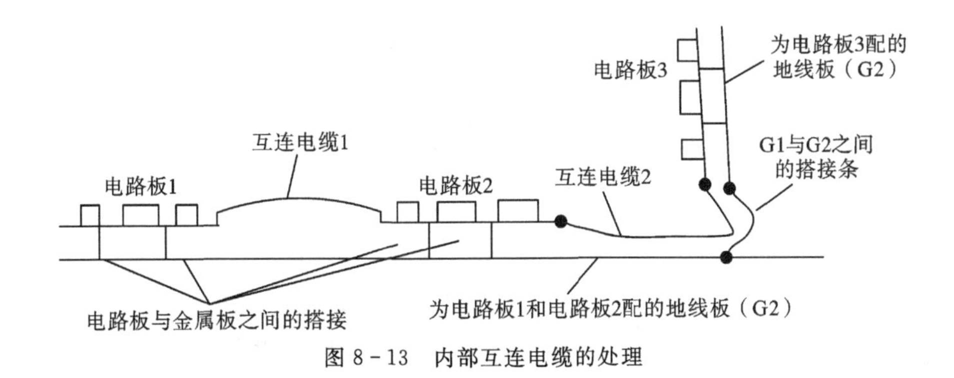

图 8－13 内部互连电缆的处理

器的外壳直接安装在金属板上，如果智能马桶使用了开关电源，开关电源部分必须屏蔽起来，并且将电源线滤波器的外壳与开关电源的金属外壳以最低的阻抗搭接起来(可以通过电路板下方的金属板连接)。

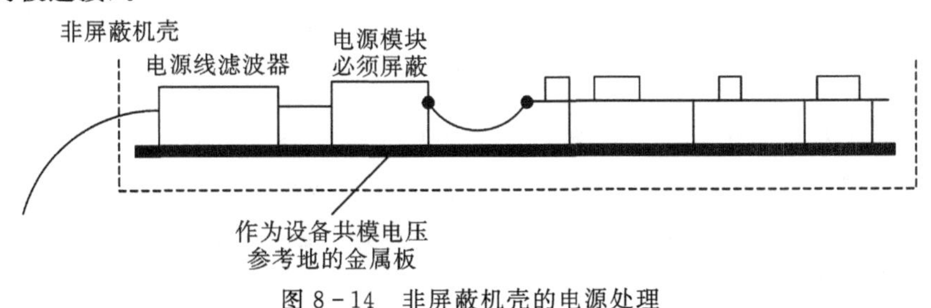

图 8－14 非屏蔽机壳的电源处理

(5)电缆引起的辐射问题。智能马桶上的线缆主要有两种，分别是电源线和信号线，对于通过这两种线缆所造成的辐射骚扰超标，在处理方法上有所不同。

①对电源线的处理。可以加装电源线滤波器(如果已经有滤波器，则换用高性能的滤波器)，要特别注意安装位置(尽量放在机壳中电源线入口端)和安装情况，要保证滤波器外壳与机壳搭接良好，接地良好；如果不合格的频率比较高，可考虑在电源线入口部分套装铁氧体磁环。

②对信号线的处理。可以在信号线上套铁氧体磁环(或铁氧体磁夹)；对信号线滤波(共模滤波)，必要时将连接器改为滤波阵列板或滤波连接器；换用屏蔽电缆，屏蔽电缆的屏蔽层与机壳尽量采用 360°搭接方式，必要时在屏蔽线上再套铁氧体磁环。

总体来说，抑制智能马桶的辐射骚扰，比较有效的几种措施是在样品上增加屏蔽、磁环、共模扼流圈、陶瓷电容和环形压敏电阻，下面对这几种措施做一些比较深入的分析。

①屏蔽。辐射骚扰是骚扰在空间上的传播，屏蔽的原理如图 8－15 所示，骚扰在屏蔽体内会多次反射和吸收，这个过程使得电磁能量从屏蔽材料表面向内发生指数型衰减，即趋肤效应。有效的电磁屏蔽效果要求导体屏蔽层厚度接近其趋肤深度，而电导率越高的材料趋肤深度越小，因此对于高频电磁场一般需采用高电导率的材料制作屏蔽罩来实现有效的屏蔽。屏蔽是抑制辐射骚扰最直接有效的方法，但缺点是成本较高，因此该整改措施使用率不高。

②磁环。磁环作为一种简单实用的抗干扰抑制器件广泛应用在电磁兼容领域，其作用相当于低频滤波器，对低频段有用信号的传输几乎没有影响，而对高频噪声可以起到很好的抑制作用。一般磁环的磁导率越高，抑制频率越低，体积越大，抑制效果越好，体积一定时，形状细

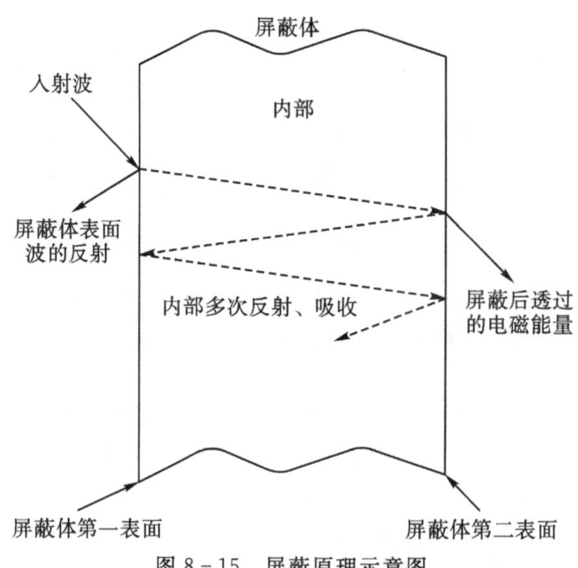

图 8－15 屏蔽原理示意图

长的比形状短粗的抑制效果好。根据骚扰的电磁特性，选择合适材料与尺寸的磁环并以合适的方式缠绕在线缆上，是用来解决电磁骚扰较常用的整改措施。

③共模扼流圈。由智能马桶产生的辐射骚扰一般属于高频共模骚扰，在产生共模干扰的信号线上加上共模扼流圈，对骚扰的抑制可以起到很好的效果。由于共模扼流圈上的两个线圈绕制方向相反，当差模信号通过时，磁通方向相反因而相互抵消，而共模信号通过时，磁环中磁通方向相同相互叠加而呈现高阻抗特性，从而在差模信号不受影响的前提下，对共模信号产生很强的抑制效果，从而降低智能马桶产品产生的高频骚扰。

④电容。电容是基本的滤波元件，作为旁路器件运用在低通滤波器中，其阻抗随频率升高而降低，能将高频噪声旁路掉，从而达到通低频阻高频的作用。电磁兼容使用的电容要求谐振频率尽量高，提高谐振频率的方法有两个，一是尽量缩短引线的长度，二是选用电感较小的种类，从这个角度考虑，陶瓷电容是较好的选择。

⑤环形压敏电阻。环形压敏电阻是一种半导体电阻器，其电阻值随电压增大而降低。对于含有电机的智能马桶，用感性负载来模拟电刷和换向器的换向过程，将环形压敏电阻器套装在电枢转轴上，其原理如图 8－16 所示。电机因换向过程产生急剧增大的电压从而引起电火花，而环形压敏电阻因电压升高电阻降低导通线路，将线圈积累的势能转化为自身的热能，避

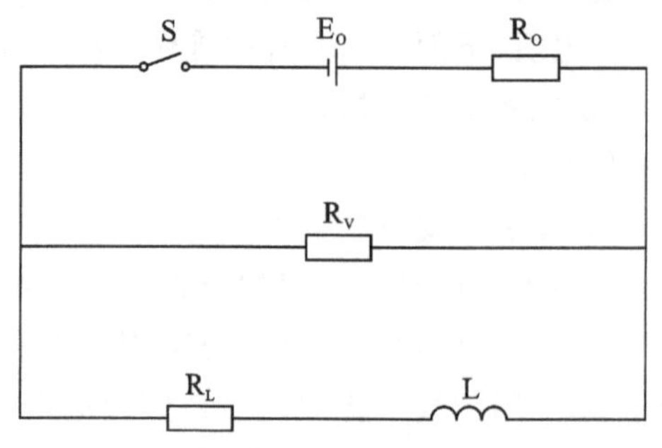

图 8－16 电机并联压敏电阻电路模型

免了电火花的产生从而消除了高频噪声。因此成为智能马桶产品常用的整改方法。

8.3　静电放电

静电放电会产生短暂的泄放电流，以及强度很大、频率范围很宽的电磁场。而这两者正是静电放电影响智能马桶工作的“元凶”。总结静电放电影响智能马桶产品的干扰模式，主要有以下两种类型。

(1)短暂的强冲击电流以传导的形式窜入 PCB 内部。智能马桶产品，尤其是对便圈、按键等塑料外壳的部件而言，工程师在设计时往往忽视了为静电放电的泄放电流设置一条阻抗足够低的泄放通路，或者设置的通路阻抗不能满足要求，这在智能马桶产品中是经常遇到的一个问题。

(2)强度很大、频率很高的电磁场通过空间传输的形式影响电路的正常工作。智能马桶产品由于功能较多，电路结构也较复杂。复杂的电路结构中，会有许许多多的“接收天线”。当外界有一个近距离、高强度、高频率的电磁场存在时，电路受到干扰的可能性相当大。在实际案例中，我们经常看到静电放电产生的电磁场影响了某条时钟线或者复位线的电平，造成电路和产品出现故障。

根据静电放电对智能马桶造成后果的严重程度，一般可分为两种情况：一是永久性损坏，通过直接放电，引起智能马桶中半导体器件的损坏，造成智能马桶的永久性失效，例如由于静电放电电流产生热量导致智能马桶的热失效，或者由于静电放电感应出高的电压导致绝缘击穿；二是由直接放电或间接放电而引起电磁场变化，造成设备某一模块被干扰，智能马桶发生误动作，不能保持基本性能，例如壳体表面按键失灵等。

8.3.1　不合格典型原因

为了找到整改思路，需要从原理角度分析静电放电对智能马桶的干扰。一般来说，这种干扰分为传导和辐射两种途径。

(1)传导方式是一种直接的电荷泄放方式，如图 8－17 所示，出现这种情况时，智能马桶外壳放电点与内部形成了一条完整的放电路径，静电放电电流直接进入智能马桶内部，流入信号端，造成电路功能异常。由于产品内部本身存在设计缺陷，恰好为静电放电产生的电荷提供了一条泄放至内部电路的路径，并且这条路径的阻抗较小。当上述情况同时存在时，通过泄放路径进入内部电路和关键元器件的电流很大，有可能会造成元器件损坏。

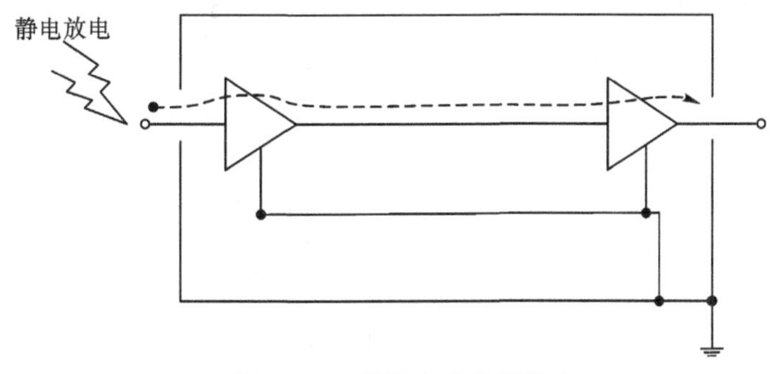

图 8－17　传导方式的干扰

(2)辐射方式是一种较为间接的干扰方式,如图 8－18 所示,由于静电放电本身包含高频成分的尖峰电流,在很短时间内发生较大的电流变化,能够在附近电路的各个信号环路中感应出干扰电动势。当智能马桶存在设计缺陷时,在某个环路中产生的干扰电动势很可能超过了逻辑电路的阈值电平,引起误触发,导致电路误动作。由于辐射的大小取决于与放电点的距离,如果放电点离智能马桶核心元器件较近,电场强度会很大,可能对智能马桶造成影响。

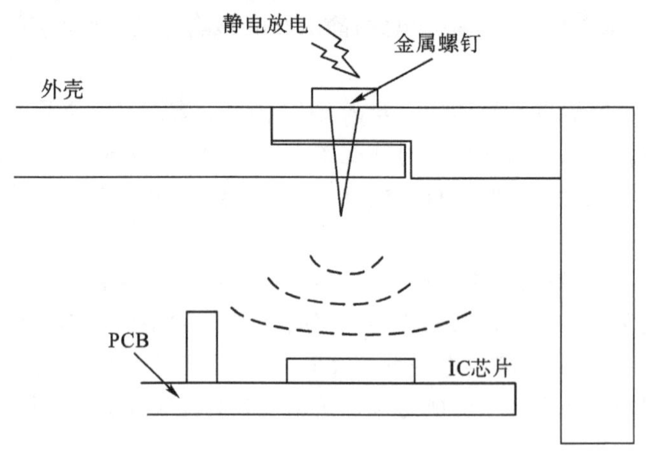

图 8－18　辐射方式的干扰

一般情况下,传导方式的静电干扰对智能马桶的影响更猛烈,容易造成其损坏,而辐射方式的静电干扰容易造成智能马桶误动作。图 8－18 中,虚线代表静电放电产生的短暂射频电流。它可以以传导的形式进入智能马桶产品中,影响产品的正常工作。另外,这个射频电流还可以被产品中的电缆、PCB 走线等“发射”出来,形成高频电磁场,影响产品的正常运行。

8.3.2　整改对策

对智能马桶产品而言,一旦发生静电放电,应该让其尽快旁路入地,而不直接侵入内部电路。这是一个重要的设计理念。

从静电电荷产生和对智能马桶造成影响的角度考虑,必须从源头入手,控制电荷积聚,一旦有过量电荷就及时泄放,防止危险静电源的形成,另外对于无法泄放的静电电荷,要将其隔离,阻止干扰到关键电路。根据实际测试中智能马桶整改的情况,将整改分为外部防护和内部电路防护两个方向。

8.3.2.1　外部防护

从 GB/T 17626.2—2018 标准中规定的放电点进行考虑,一般智能马桶外部防护的范围包括外壳、面板、显示屏、外部电缆等。

1. 外壳

外壳分为金属材质和非金属材质两种,对于静电防护有着不同的处理思路。由于智能马桶基本上都是非金属外壳,这里仅对非金属外壳进行分析。

非金属外壳的优点是,外壳绝缘,一般情况下不会有电荷放出。缺点是如果智能马桶内部布局过于靠近外壳,或者外壳太薄,静电有可能对内部电路造成影响。对于智能马桶的外壳,可以着重对孔隙部分加强绝缘,不让电荷放出并通过孔隙流入智能马桶内部。也可将外壳喷涂导电漆等材料，然后再将裸露的金属端子等可直接接触到的金属部位接地。或者在外壳中放置一个金属的屏蔽体，这种设计的好处是可以屏蔽来自外界的静电干扰，同时在操作者对外壳的孔隙放电时，给静电电荷提供一个泄放通道，防止对内部电路造成损坏。

2. 面板、显示屏

针对面板，主要考虑的是将电荷隔离在外部。面板尽量采用耐高压的薄膜绝缘材料制作，同时注意避免缝隙，就可有效防止静电电荷通过面板或按键进入内部电路产生干扰。显示屏应考虑采用透明屏蔽材料进行保护，同时确保屏蔽材料与设备外壳接地点之间有良好的电接触，可以及时泄放静电电荷。

3. 外部电缆

外部电缆主要包括电源线等操作者可触摸到的线缆。整改思路是更换屏蔽性能更好的线缆，或者采用铁氧体磁环缠绕的方式，对静电放电的感应电流进行屏蔽和消耗。最理想的方式是，电缆采用屏蔽线，并且屏蔽层与外壳的大地连接，建立电荷对地泄放路径。

8.3.2.2 内部电路防护

对于内部电路，防护的主要思路如下：首先确定电流泄放路径，检查此条路径是否通畅，确保积聚电荷及时泄放。其次确定泄放途径附近是否有重要的信号线，处理方法是改变走线方式，远离放电路径，或者在信号线上增加磁环，尽量屏蔽静电泄放电流对信号线的影响。然后确定泄放途径附近是否有敏感电路，如复位电路、控制电路等，尽量用屏蔽材料加以隔离。

除此之外，可以直接选用一些典型的抗静电干扰元器件，对电路进行防护。对于直接传导的静电放电干扰，可以尝试在I/O接口处串联电阻或并联二极管至正负电源端。另外，在I/O信号线进入智能马桶外壳处安装一个对地的电容，能够将接口电缆上感应的静电放电电流分流到外壳上，避免流入电路，造成干扰。

8.3.3 设计对策

智能马桶应该在电路设计的最初阶段就考虑瞬态保护要求。静电放电通常发生在产品自身暴露在外的导电物体，或者发生在邻近的导电物体上。对智能马桶而言，容易产生静电放电的部位是电源线、按钮及暴露在外的金属框架。常用的设计方法是在产品静电放电发生或侵入危险点，例如输入点和地之间设置瞬态保护电路，这些电路仅仅在静电放电感应电压超过极限时发挥作用，如电压箝位电路阻止高压进入电路内部，同时提供大电流分流通道，系统存储的电荷可以由这些通道安全地流入地。保护电路可以包括多个电流分流单元。在工作时间，其中的一个单元能迅速打开，分流静电放电电流，直到第二个更强力的单元被激活。

有多种电路设计可以达到静电放电保护的目的，但选用时必须在性能和成本之间加以权衡，主要考虑以下原则：速度要快，这是由静电放电干扰的特点决定的；能应付大的电流通过；考虑瞬态电压会在正、负极性两个方向发生；对信号增加的电容效应和电阻效应控制在允许范围内；考虑体积因素；考虑产品成本因素。

产品设计中抑制静电放电干扰的方法大致有以下几种。

1. 外壳设计

对于智能马桶而言，大多数外壳为非金属。非金属外壳的最大好处是外壳由绝缘材料组成，一般情况下是放不出电的，但如果内部布局过于靠近外壳的缝隙，或者表面材料绝缘强度不够，就有可能使智能马桶的抗静电干扰试验不合格。故要求对电路的接地进行仔细布置，以防止静电放电电流感应到电路上去。

可采取“躲”的措施。例如,可在缝隙部分用绝缘板来加强隔离,或用楔口来增加放电路径。对有导电插口的部分,把插口做得深一点、缝留得细一点。总之,要通过结构设计的办法,不让静电放电试验在智能马桶上放出电来。

因为静电会穿过孔洞、缝隙放电,所以绝缘外壳的孔洞、缝隙与内部电路间应留有足够的空间,2 cm 左右的空气间隙可以阻止静电放电的发生。对外壳上的孔、洞、排气口等,用几个小孔代替一个大孔,从 EMI 抑制的角度来说更好。为减小 EMI 噪声,缝隙边沿每隔一定距离使用电线连接。

非金属外壳还可以成为屏蔽体,这种设计的好处是既可以防止因操作者对非金属外壳的直接接触放电造成干扰,又可以防止操作者对周围物体放电时形成的电磁干扰耦合到内部形成干扰,同时在操作者对外壳的孔、洞、缝隙放电时,给放电电流一个泄放通道,防止对内部电路直接放电。

2. 接地设计

一旦发生了静电放电,应该让其尽快从旁路入地,不要直接侵入内部电路。内部电路若用金属外壳屏蔽,则外壳应良好接地,接地电阻要尽量小,这样放电电流可以由外壳外层流入大地,同时也可以将对周围物体放电时形成的 EMI 导入大地,不会影响内部电路。

通常智能马桶内的电路会通过 I/O 电缆、电源线等接地,当外壳上发生静电放电时,外壳的电位上升,而内部电路由于接地,电位保持在地电位附近。这时,外壳与电路之间存在着很大的电位差,这会在外壳与电路之间引起二次电弧。由于没有电阻限流,这个电弧产生的电流可能很大,造成电路损坏。通过增加电路与外壳之间的距离可以避免二次电弧的发生。对于外壳接地的场合,间隙耐压要达到 1500 V;对于未接地的场合,间隙耐压要达到 25 000 V。当电路与外壳之间的距离不能增加时,可以在外壳与电路之间加一层接地的挡板,挡住电弧。通常的接地策略如图 8-19 所示,产品设计之初,在预计静电电流较多流过的位置采用多点接地,而在预计静电电流不会流过的位置采用单点接地。

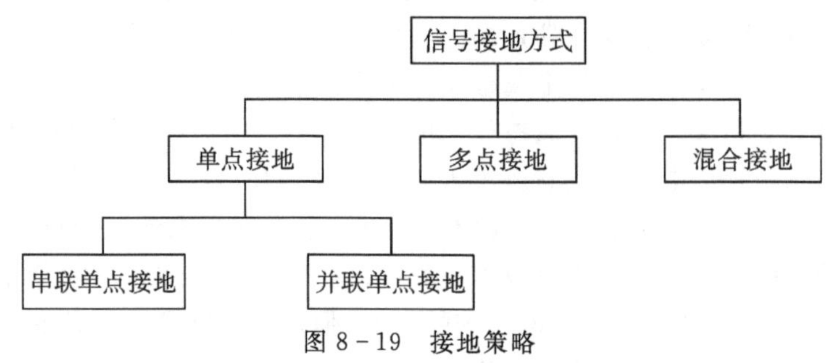

图 8-19 接地策略

如果电路与外壳连在一起,则只应通过单点连接,防止电流流过电路。当外壳上发生静电放电时,外壳的电位升高,由于线路板与外壳连接在一起,电路板的电位也同时升高。线路板与外壳连接的点应在电缆入口处。

3. 绝缘保护

如果智能马桶的外壳是一个密闭的壳体,则静电也无从进入。但现实当中,我们所使用的智能马桶产品的壳体是有缝隙的,而且可能还有金属的装饰。增加外壳到内部电路之间气隙的距离可以使静电放电的能力大大减弱。因此在设计时需要考虑壳体与电路板上敏感电路的隔离设计,对产品内部敏感电路进行绝缘保护是一种非常好的经典保护方法。在敏感电路上加一层绝缘的薄膜可以避免静电放电的火花发生,避免静电荷进入敏感的电路。从而也可以防止伴随着静电放电产生的电场和磁场对产品的危害。

对产品的绝缘保护通常应用在塑料外壳、薄膜键盘、塑料的旋钮和转轴等位置。智能马桶内部结构设计如图 8-20 所示,旋钮和控制面板的设计必须保证放电电流能够直接流到地,而不会经过敏感电路。

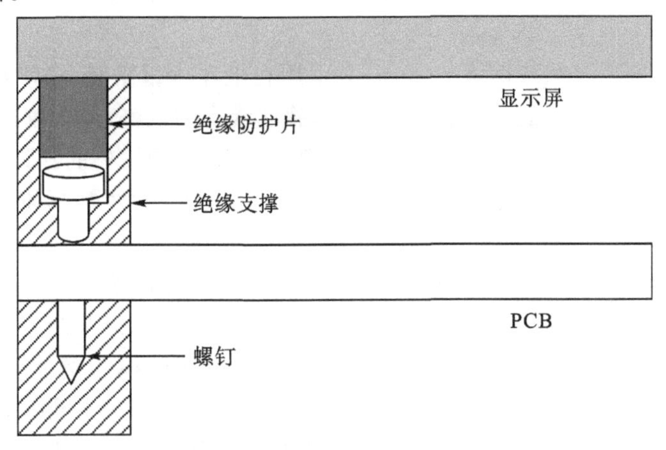

图 8-20 智能马桶内部结构设计

4. 电缆设计

一个正确设计的电缆保护系统可能是提高系统静电放电抗扰度的关键。电缆作为系统中最大的"天线",特别易于被 EMI 感应出大的电压或电流。另一方面,电缆也对 EMI 提供低阻抗通道,如果屏蔽电缆同外壳地连接的话,通过该通道 EMI 电量可从系统接地回路中释放,因而可间接地避免传导耦合。为减少辐射 EMI 耦合到电缆,线长和回路面积要减小,应抑制共模耦合并且使用金属屏蔽。对于输入/输出电缆可采用屏蔽电缆、共模扼流圈、过压钳位电路及电缆旁路滤波器等措施。在电缆的两端,电缆屏蔽必须与壳体屏蔽连接。在互联电缆上安装一个共模扼流圈可以使静电放电造成的共模电压降在扼流圈上,而不是另一端的电路上。由于静电放电电流的上升时间很短,因此扼流圈的寄生电容必须最小化。

如果让包括电源线在内的所有电缆都进入同一区域的系统内,并且使用独立的输入/输出接地平板,那么该接地平板可把电缆上的放电电流旁路到安全地线。由于静电放电有很陡的上升沿,一些小的电感也将呈现一定的阻抗。因此,采用安全地线,其高频接地效果会受到一定的影响。在电路系统中使用一些大面积的金属结构是有益处的,它既可以作为静电放电电流的参考电位,也可以作为低感抗回路。

5. 按钮和面板

按钮和控制面板的设计必须保证放电电流能够直接流向大地,而不会经过敏感电路。对于绝缘按钮,在按键与电路之间要安装一个放电防护器(如金属支架),为放电电流提供一条放电路径。放电防护器要直接连接到智能马桶机壳或机架上,而不能连接到电路的接地点上。当然,用较大的旋钮(增加操作者到内部线路的距离)能够直接防止静电放电。面板和控制面板的设计应能使放电电流不经过敏感电路而直接到地。采用绝缘轴和大旋钮可以防止向控制键或电位器放电。

另外，建议面板采用薄膜按键和薄膜显示窗，由于该薄膜由耐高压的绝缘材料构成，可有效防止静电放电通过按键和显示窗进入内部电路形成干扰。建议按键内部均有由耐高压的绝缘薄膜构成的衬垫，可有效防止静电放电的干扰。

6. 电路设计

一般来说，与外部设备连接的接口电路都需要加保护电路，其中也包括电源线，这一点往往被硬件设计所忽视。以智能马桶为例来讲，应该考虑安排保护电路的环节有通信接口、控制接口、显示接口等。

滤波器(分流电容或电感或两者的结合)必须用在电路中以阻止 EMI 耦合到设备。如果输入为高阻抗，一个分流电容滤波器(使用杂散电感非常小的电容)最有效，因为它的低阻抗将有效地旁路高的输入阻抗，分流电容越接近输入端越好(在保护设备的管脚的 3～4 cm 以内)。如果输入阻抗低，使用一系列铁氧体可以提供最好的滤波器，这些铁氧体也应尽可能接近输入端。

对于直接传导的静电放电干扰，可以在 I/O 接口处串接电阻或并联二极管至正负电源端。MOS 管的输入端串接 100 kΩ 电阻，输出端串接 1 kΩ 电阻，以限制放电电流量。TTL 管输入端串接 22～100 Ω 电阻，输出端串接 22～47 Ω 电阻。模拟管输入端串接 100 Ω～100 kΩ，并且加并联二极管，分流放电电流至电源正或负极，模拟管输出端串接 100 Ω 的电阻。

在 I/O 信号线上安装一个对地的电容能够将接口电缆上感应的静电放电电流分流到机壳，避免流到电路上。但这个电容也会将机壳上的电流分流到信号线上。为了避免这种情况的发生，可以在旁路电容与线路板之间安装一只铁氧体磁珠，增加流向线路板路径的阻抗。需要注意的是，电容的耐压一定要满足要求，静电放电的电压可以高达数千伏。

用一个瞬态防护二极管也能够对静电放电起到有效的保护，但需要注意，用二极管虽然将瞬态干扰的电压限制住了，但高频干扰成分并没有减少，该电路中一般应有与瞬态防护二极管并联的高频旁路电容抑制高频干扰。

在电路设计及电路板布线方面，应采用门电路和选通脉冲。这种输入方式只有在静电放电和选通同时发生时才能造成损坏。而脉冲边沿触发输入方式对静电放电引起的瞬变很敏感，不宜采用。设备中不用的输入端不允许处于不连接或悬浮状态，而应当直接或通过适当电阻与地线或电源端相连通。

CMOS 的衬底有寄生的 PN 器件。PN 器件能起到可控硅的作用。如果电源电压的变化率 dV/dt 比较高，可能发生“闭锁”现象。即在电源和地之间产生低阻通路，造成过热，最终有可能导致器件的损坏，一旦寄生的 PN 器件被导通，就需要断开电源来解除 PN 导通现象，因此在不影响电路正常工作的情况下，附加限流电阻是必要的。

7. PCB 设计

PCB 设计在提高系统的静电放电抗扰度方面起着重要的作用，PCB 上的走线是静电放电产生 EMI 的发射天线。为了把这些天线的耦合降低，线长要求尽可能短，包围的面积尽可能小，如图 8－21 所示。同时，当元件没有均匀地布满一整块电路板时，共模耦合得到了增强。使用多层板或栅格可以减小耦合，也能抑制共模辐射噪声。

PCB 的布置应避免将敏感的 MOS 器件直接连到容易发生静电放电的连接器引出端。如果不得不将敏感引线连接到连接器的引出端，那么应在上述引线上增加串联电阻、分流或电压钳位措施，或者采用对静电放电敏感度较低的逻辑电路进行隔离使其得到保护。

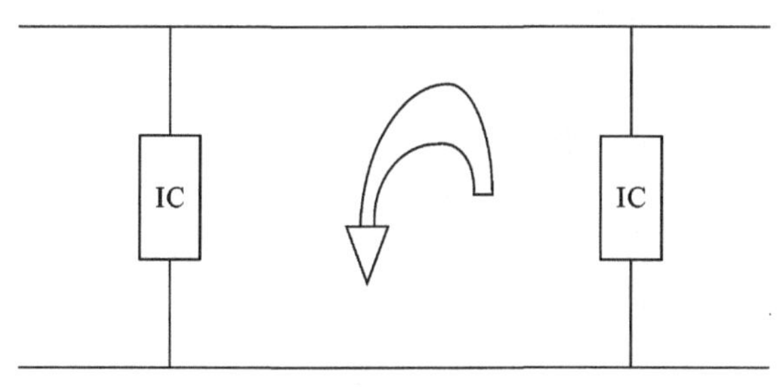

图 8-21 减小电路环路示意图

印制电路板布线是抗瞬态冲击设计的重要方面。保护通道中的寄生电感会产生电压尖峰，量值会超过芯片的引脚所能承受的极限值。因此，设计时必须努力减小被保护信号线以及信号回路(地线)上的寄生电感量。可采取的措施有尽量缩短引线长度，加大信号线宽度，印制导线敷锡等。另外，在设计印刷电路板的时候，可以在环绕电路板的地方布置一根接地线。接地线不与线路连接但直接接地，这样可以有效地保护线路板。

8. 软件设计

除了硬件措施外，软件 EMI 方案也是减少系统锁定等严重失常的有力方法。软件静电放电抑制措施主要是，刷新、检查并且恢复。刷新涉及周期性地复位到休止状态，并且刷新显示器和指示器状态；只需进行一次刷新，然后假设状态是正确的，仅此而已。检查过程用于决定程序是否正确执行，并在一定间隔时间被激活，以确认程序是否在完成某个功能。如果这些功能没有实现，恢复程序就被激活。具体措施包括：把不用的 I/O 口接地；加看门狗；增加对保护目标的状态位的检测；注意写保护的控制是否正确；分析哪些模块发生异常。

8.4 电快速瞬变

电快速瞬变即电快速瞬变脉冲群(EFT)，此类干扰的显著特点是上升时间快、持续时间短，能量低但具有较高的重复频率。这种暂态骚扰能量较小，一般不会引起智能马桶的损坏，但由于上升时间和重复频率较快，使其频谱分布较宽，所以会对智能马桶的可靠工作产生影响。一般认为电快速瞬变脉冲群之所以会对智能马桶产品形成干扰，是因为脉冲群对线路中半导体结电容单向充电，当结电容上的能量累积到一定程度，便会引起电路乃至产品的误动作。

8.4.1 不合格典型原因

对于智能马桶产品的抗扰度来说，电快速瞬变脉冲群试验具有典型的意义。因为电快速瞬变脉冲群试验波形的上升沿很陡，因此包含了很丰富的高频谐波分量，能够检验电路在较宽的频率范围内的抗扰度。另外，由于试验脉冲是持续一段时间的脉冲串，因此它对电路的干扰有一个累积效应，大多数电路为了抗瞬态干扰，在输入端安装了积分电路，这种电路对单个脉冲具有很好的抑制作用，但是对于一串脉冲则不能有效地抑制。

电快速瞬变脉冲群对智能马桶产生影响的原因有如图 8-22 所示的 3 种，主要包括：

(1)通过电源线直接传导进智能马桶的电源，导致电路的电源线上有过大的噪声电压。从图 8-22 所示的干扰注入方式可知，当单独对火线或零线注入干扰时，在火线和零线之间存在

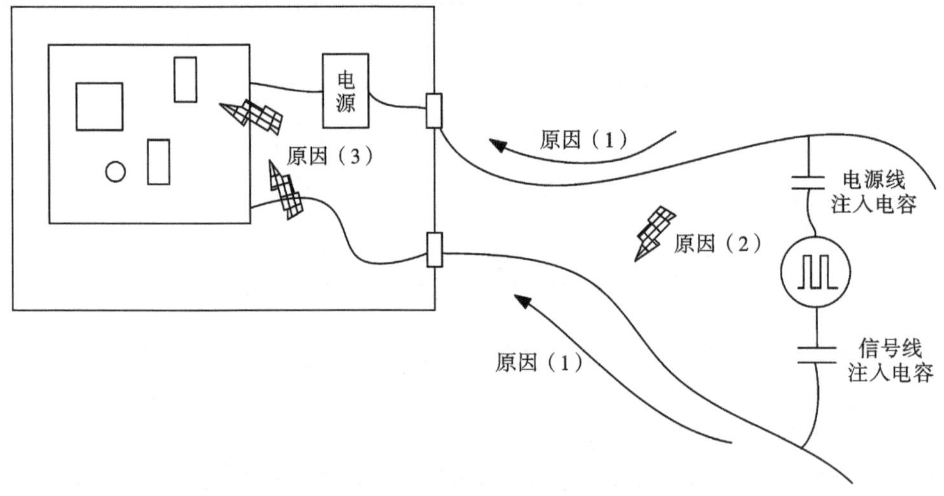

图 8-22 电快速瞬变对智能马桶产生影响的原因

着差模干扰，这种差模电压会出现在电源的直流输出端；当同时对火线和零线注入干扰时，仅存在着共模电压，由于大部分电源的输入都是平衡的（无论变压器输入，还是整流桥输入），因此实际共模干扰转变成差模电压的成分很少，对电源的输出影响并不大。

(2)干扰能量在电源线上传导的过程中向空间辐射，这些能量感应到邻近的信号电缆上，对信号电缆连接的电路形成干扰（如果发生这种情况，往往会直接向信号电缆注入试验脉冲时，导致试验失败）。

(3)干扰脉冲信号在电缆（包括信号电缆和电源电缆）上传播时产生的二次辐射能量感应进电路，对电路形成干扰。

8.4.2 设计对策

对于没有金属壳体的智能马桶，脉冲群抗扰度的设计会更加困难，电快速瞬变脉冲群抗扰度设计的概念是阻止或转移（或者两种方式都使用）任何 EFT 电流，以避免干扰或破坏敏感电路。由于 EFT 在某种程度上也具有辐射效应，因此辐射敏感度中的如下一些解决办法对此也是适用的。

(1)最佳办法是在所有 I/O 连接器上加装瞬态抑制器，它可将电流脉冲转移到 PCB 的信号参考平面。一定要确保 PCB 的信号参考平面与外壳或金属平板进行了很好的搭接。

(2)I/O 线加装共模扼流圈。如果共模扼流圈位于智能马桶内部，可能需要将其放置在靠近 I/O 线进入智能马桶的地方。

(3)在电缆线上非常靠近连接器处，加装铁氧体扼流圈，能减少一部分电流脉冲。

(4)信号线与 PCB 参考平面之间设计电容器，或者在信号线与外壳之间设计电容器（1 nF 或可能更小），能有助于转移 EFT 电流。这种电容器最好尽可能靠近 I/O 连接器。一定要确保其不会滤掉这些 I/O 线上的有用信号或数据。

(5)对于非屏蔽的产品，通过在 PCB 的下面增加金属平板（如铝箔、薄金属片）对 PCB 周围的 EFT 电流进行转移。这种金属平板应与所有 I/O 连接器的导电外壳进行连接，通过位移电流把 EFT 电流转移到大地。

(6)通过软件设计也可能增强产品的抗扰度。例如,不要使用无限的“等待”状态;如果安装的话,使用“看门狗”程序让智能马桶重启;使用校验位、校验和/或纠错码,以防止存储损坏数据;一定要确保所有的输入为锁存的和选通的,不能为悬空的。

8.4.3 整改对策

1. 吸收和滤波

脉冲群试验的本意是进行共模干扰试验,只是干扰脉冲的波形前沿非常陡峭,持续时间非常短暂,因此还有极其丰富的高频成分,这就导致在干扰波形的传输过程中,会有一部分干扰从传输的线缆中逸出,这样智能马桶最终受到的是传导和辐射的复合干扰。针对群脉冲干扰,最通用的脉冲群干扰抑制办法主要采用滤波(电源线和信号线的滤波)及吸收(用铁氧体磁芯来吸收)。其中采用铁氧体磁芯吸收的方案非常便宜也非常有效。

无论是滤波器还是铁氧体磁芯,在试验时,它们的摆放位置非常讲究,脉冲群干扰不仅仅是一个传导干扰,更麻烦的是它还含有辐射的成分,不同的安装位置,辐射干扰的逸出情况各不相同,难以捉摸。所以在整改试验中的滤波器和铁氧体磁芯的摆放位置,就是今后正式投产的摆放位置,千万不能随意更改。最有效的位置是将滤波器和铁氧体磁芯用在干扰的源头和智能马桶产品的入口处。前者是对干扰源的彻底处理;后者是把紧抑制干扰的大门,使经过滤波器和铁氧体磁芯处理后的电源线和信号线不再含有辐射的成分。

2. 屏蔽

考虑到脉冲群信号的前沿非常陡峭,脉宽也非常窄,因此含有的谐波成分极其丰富,幅值较大的频率至少要达到 60 MHz。对于试验的智能马桶电源线来说,哪怕长度只有 1 m,由于长度已经可以和传输频率的波长相比,所以不能以普通电源线对待,信号在上面传输时,部分是通过线路进入智能马桶(传导);部分要从线路逸出,成为辐射信号进入智能马桶(辐射)。所以智能马桶受到的干扰实际上是传导与辐射的结合,即在进行脉冲群试验时,在参试导线的周围实际上还存在一个辐射场。针对辐射干扰,比较通用的抑制办法便是屏蔽,包括智能马桶外壳的屏蔽,智能马桶内部的局部屏蔽,还有传输线的屏蔽(屏蔽线、同轴电缆和双绞线等)。

3. 结构和接地

结构和接地也是抑制群脉冲干扰的很重要的方面。如图 8-23 所示为智能马桶中的共模电流流向示意图,电源线远离接地点,接地路径较长,接地效果大大降低。信号线 1 远离接地点,导致干扰脉冲施加在电源线和信号线 1 上时,脉冲群的共模干扰电流要经过互连线和下面的线路板,最终经接地端子入地。由于互连线的阻抗较大,而且接地路径又长(接地阻抗也大),大大增加了电磁兼容的风险。

如果把上面的结构设计改成如图 8-24 所示的布局,新布局更改了接线方式,即将信号线电源线集中到一块印刷电路板上,并在这块印制电路板的同一侧上,设备的接地点也移到信号线和电源线的入口附近,则新设计中的大部分干扰电流都会从这个接地点进入大地,只有较少一部分流入产品内部线路,这样就会大大改进智能马桶的脉冲群抗扰度性能。由此可见,智能马桶的结构和接地点的选择对其抗扰度性能有至关重要的作用。

4. 开关电源

对智能马桶进行电源侧的脉冲群抗扰度试验中,固然应当注意电源的抗扰度性能,但是不应该忘记脉冲群干扰的本质是传导与辐射干扰复合的事实,因此在对电源部分采取足够多措

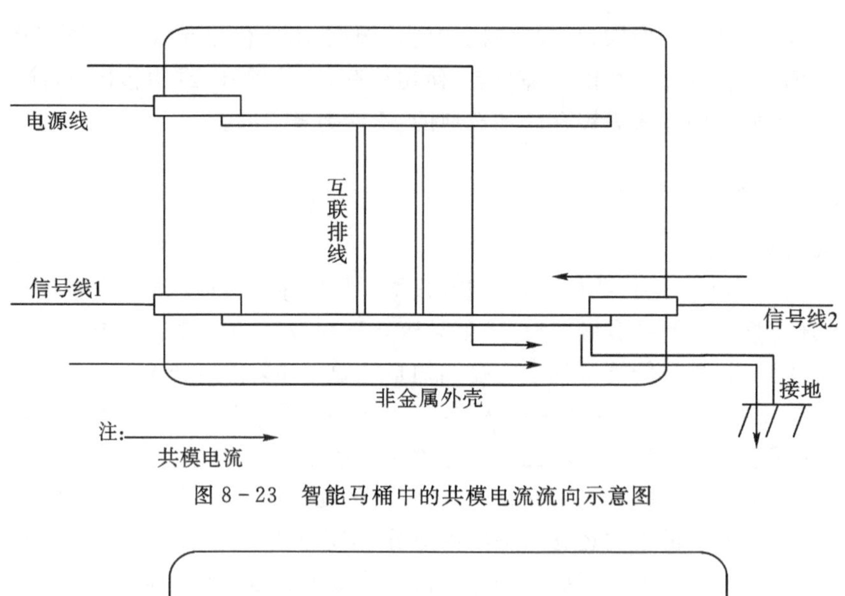

图 8-23 智能马桶中的共模电流流向示意图

图 8-24 更改后的智能马桶中的共模电流流向示意图

施以后依然未能通过这项试验时，就应当换位思考，会不会是通过其他途径使干扰进入设备，引起设备的脉冲群抗扰度试验不合格的假象。

就开关电源来说，忽略开关电源的输入滤波器，开关电源线路本身对脉冲群干扰的抑制作用很低，究其原因，主要是脉冲群干扰的本质是高频共模干扰，而开关电源线路中的滤波电容，都是针对抑制低频差模干扰而设置的，其中的电解电容对于开关电源本身的纹波抑制作用尚且不足，更不要说针对谐波成分达到 60 MHz 以上的脉冲群干扰有抑制作用了，因此在用示波器观察开关电源输入端和输出端的脉冲群波形时，看不出有明显的干扰衰减作用。

考虑到脉冲群干扰是共模性质的干扰。就开关电源来说，采用输入滤波器，是开关电源抑制所受到的脉冲群干扰的第一个重要措施。开关电源线路中的高频变压器设计的好坏，特别是屏蔽措施的采用，对于脉冲群干扰有一定的抑制作用。

开关电源中几个可以采取抑制脉冲群干扰的措施和部位，如图 8-25 所示，开关电源初级回路与次级回路之间的跨接电容，能为从初级回路进入次级回路的共模干扰返回初级回路提供通路，对于脉冲群干扰也有一定的抑制作用；在开关电源的输出端增加共模滤波电路（共模电感和共模电容），同样也能对抑制脉冲群干扰发挥一定作用。

此外，开关电源线路本身对脉冲群干扰没有什么抑制作用，但是如果开关电源的线路布局不佳，则更能加剧脉冲群干扰对开关电源的入侵。特别是脉冲群干扰的本质是传导与辐射干

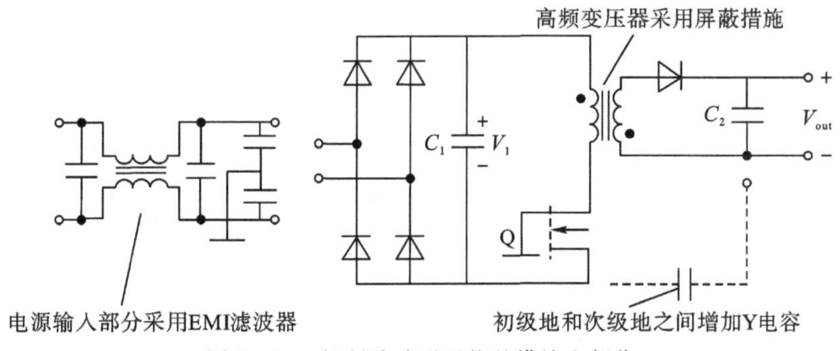

图 8－25　抑制脉冲群干扰的措施和部位

扰的复合，即使由于输入滤波器的采用，抑制了其中的传导干扰的成分，但在传输线路周围的辐射干扰依然存在，依然可以通过开关电源的不良布局（开关电源的初级或次级回路布局太开，形成了"大环天线"），感应脉冲群干扰中的辐射成分，进而影响整个设备的抗干扰性能。

5. 电源线

在做电源线的脉冲群抗扰度试验时，实际上在电源线周围空间里，存在一个有一定强度的高频辐射电磁场，智能马桶除了有电源线引入外，还存在其他通信和输入/输出的连线，那么通过这些线路所起的被动天线作用还有可能接受高频电磁场感应，并把它引入智能马桶内部。此外，当智能马桶产品内部布线过于靠近机壳；产品采用的是非金属的机壳；或者在布线附近的机壳电磁密封性不好等原因，同样有可能使智能马桶感应由脉冲群干扰产生的高频辐射电磁场，造成其抗扰度试验不合格。

智能马桶基本上使用非金属外壳，必须在机壳底部加一块金属板，供滤波器中的共模滤波电容接地，如图 8－26 所示，这时的共模干扰电流通路通过金属板与地平面之间的分布电容形成通路。如果智能马桶的尺寸较小，意味着金属板尺寸也较小，这时金属板与地线层之间的电容量较小，不能起到较好的旁路作用。因此，电感的特性对于智能马桶能够顺利通过试验至关重要，需要采用各种措施提高电感高频特性，必要时可用多个电感串联。

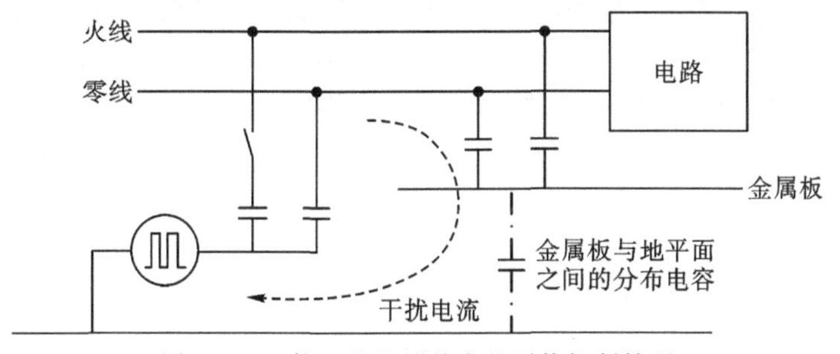

图 8－26　使用非金属外壳的干扰抑制情况

6. 信号线

(1)信号电缆上安装共模扼流圈。共模扼流圈实际是一种低通滤波器，根据低通滤波器对脉冲干扰的抑制作用，只有当电感量足够大时，才能有效果。但是当扼流圈的电感量较大时(往往匝数较多)，分布电容也较大，扼流圈的高频抑制效果降低。而电快速脉冲波形中包含了大量的高频成分。因此，在实际使用时，需要注意调整扼流圈的匝数，必要时用两个不同匝数的扼流圈串联起来，兼顾高频和低频的要求。

(2)采用双绞线作为智能马桶的信号电缆,并在智能马桶产品信号线接口处(即靠近产品的一端)加套铁氧体磁环,并将信号线在磁环上绕2～3圈,对于抗扰能力不是太弱的产品来说,这种措施的效果还是不错的。

(3)对敏感电路局部屏蔽。智能马桶采用非金属外壳,若电缆的屏蔽和滤波措施不易实施时,干扰会直接耦合进电路,这时只能对敏感电路进行局部屏蔽,屏蔽体应该是一个完整的六面体。

8.5 浪涌

随着斩波型开关电源设备(如计算机及UPS等)和大型整流电源设备的广泛使用,浪涌冲击变得更为普遍。线路中的干扰情况也会经常发生,由此引发的设备误动作、电压畸变、过电流及不平衡电流等现象经常发生。电力系统中的分合、熔断器的动作、设备绝缘击穿、大容量设备的投切启动及其他故障等,都会引发浪涌冲击脉冲干扰。

浪涌冲击的危害在谐振发生时将会更严重。在脉冲的一系列频谱中,当线路电感量和电容量接近时,便有可能引发谐振,导致谐波在系统的局部地区放大。谐振不仅会随着瞬间干扰产生高电压和过电流,使事态恶化,也会在基频系统中叠加谐振电流,引起设备和绝缘过热,甚至烧毁损坏。

8.5.1 不合格典型原因

浪涌脉冲的上升时间较长,脉宽较宽,不含有较高的频率成分,因此对电路的干扰以传导为主,主要体现在过高的差模电压幅度导致输入器件击穿损坏,或者过高的共模电压导致线路与地之间的绝缘层击穿,由于器件击穿后阻抗很低,浪涌发生器产生的大电流使器件过热发生损坏,导致受试设备永久性损坏。

对于较大滤波电容的整流电路,过电流使器件损坏也可能是首当其冲的。例如,在图8-27所示的电路中,浪涌到来时,整流电路和滤波电容提供了很低的阻抗,浪涌发生器输出的大电流流过整流二极管,当整流二极管不能承受这个电流时,就发生过热而烧毁,随着电容的充电,电容上的电压也会达到很高,有可能导致电容击穿损坏。

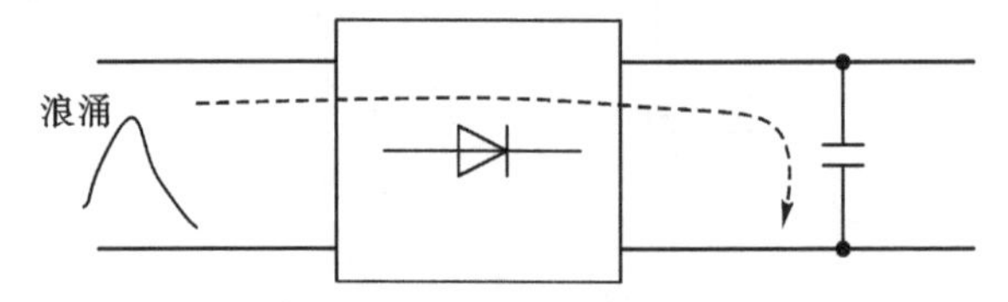

图8-27 浪涌对有平滑电容的整流电路的影响

8.5.2 整改对策

1. 浪涌保护器

浪涌干扰的最大特点是干扰源的内阻特别低,而干扰的能量又特别大,用能量进行比较,静电为皮焦耳级,脉冲群为毫焦耳级,雷击浪涌是前两种干扰能量的百万倍,它对半导体器件可靠性的危害很大,能够导致半导体器件不同程度地失效。轻者,可使器件电性能下降,留下隐患，影响器件的长期可靠性；重者，可造成器件烧毁。产生浪涌的因素有很多，其中有些因素较明显，容易找出并加以克服，但许多因素却不明显，需要认真分析才能发现。因此，线路板在设计时需要考虑控制线路的抗浪涌保护，这样才能抵抗如此强大的能量冲击。

浪涌保护器(Surge Protection Device，SPD)也称为浪涌吸收器、防雷电路、避雷器、防雷器等，是专门用于吸收电网、控制系统传输线路上由于各种原因(雷电、静电、感性负载)产生的急速电压、急速电流波动而引起的电网浪涌。正常情况下，浪涌保护器中的浪涌保护元器件处于高阻状态，闲在一旁，不影响电路正常工作；当线路上有过电压时，浪涌保护器迅速导通，将浪涌包含的大部分能量分流出去，从而保护产品。在这里，保护元器件就相当于一个阀门，只有线路上出现浪涌电压时才会打开。

雷击浪涌试验的最大特点是能量特别大，所以采用普通滤波器和铁氧体磁芯来滤波，吸收的方案基本无效。常用的浪涌防护器件有功率电阻、压敏电阻、瞬变电压抑制二极管、气体放电管等几种。

尽管浪涌防护器件功能相似，但性能上仍有较大差异，也就决定了它们的不同应用面，各类浪涌抑制元件性能比较如表 8-1 所示。

表 8-1　各类浪涌防护器件性能比较

参数	功率电阻	压敏电阻(MOV)	瞬态电压抑制器(TVS)	气体放电管
工作原理	电阻限流方式	氧化锌晶粒结构	电子雪崩效应	气体电离导电
保护方式	限流	电压钳位	电压钳位	负阻特性
响应时间	几乎为 0	ns 数量级	ns 数量级	μs 数量级
寄生电容	几乎为 0	数百 pF	≥3 pF	≤3 pF
最大瞬态电流	很小	数千安培	数百安培	数百万安培
漏电流	/	小	小	无
残压	高	高	很低	较高
是否会老化	会	会	几乎不会	会
成本	低	较低	高	高

下面对各类浪涌防护器进行比较详尽的分析。

(1)功率电阻。在体积小、成本压力大的小功率智能马桶中，可以选择功率电阻来实现浪涌滤波器。功率电阻实物如图 8-28 所示。一般在电源输入侧串联一个小阻值的功率电阻(绕线电阻或者水泥电阻)，通过限流的方式来有效解决开机冲击电流和电源线上的浪涌电压。

(2)压敏电阻。压敏电阻(MOV)是一种伏安特性呈非线性的敏感元件，它一般并联于电源的输入端。当压敏电阻两端的电压小于额定幅值时，压敏电阻处于高阻状态，不影响正常工作。当两端的电压受到浪涌冲击而出现过电压时，压敏电阻内阻急剧下降并迅速导通，浪涌电压以热能的形式消耗掉，将电源电压保持在固定幅值。压敏电阻实物如图 8-29 所示。

用于浪涌防护的压敏电阻最常用的是氧化锌压敏电阻，它的通流量很大，可达数百安培到数千安培。压敏电阻可在 ns 数量级的时间对冲击电压产生抑制作用。因此具有反应速度快(比气体放电管快，比 TVS 管稍慢一些)、峰值电流承受能力较大，成本低，低泄漏电流等优点。

(3)瞬变电压抑制二极管。瞬变电压抑制二极管(TVS)是通过硅扩散工艺形成的具有雪

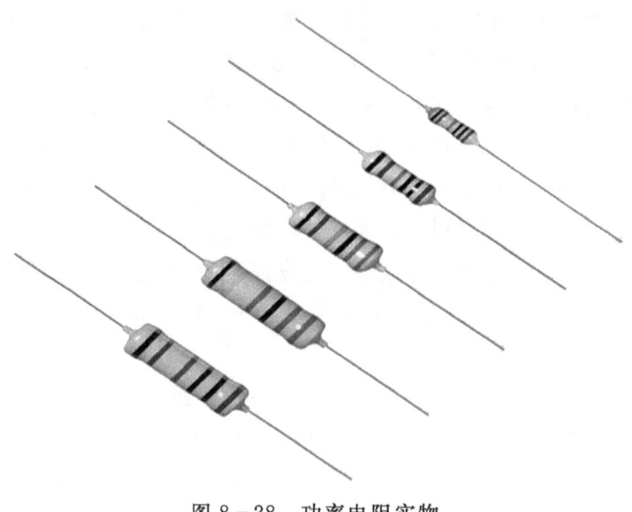

图 8-28　功率电阻实物

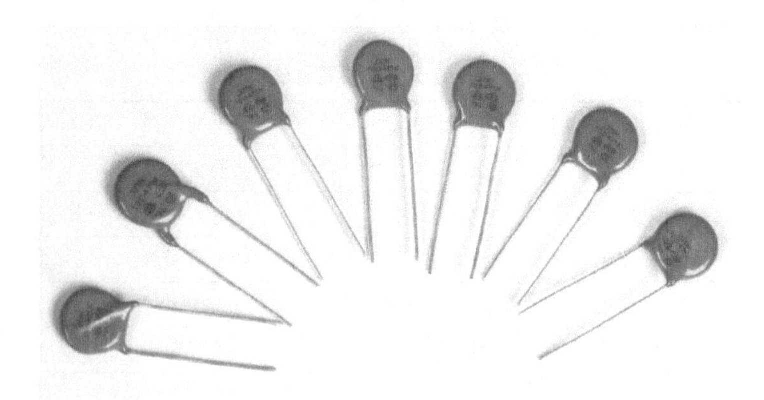

图 8-29　压敏电阻实物

崩特性的半导体二极管器件，在 TVS 两端施加的反向电压绝对值小于击穿电压时，仅有非常小的漏电流通过，TVS 处于高阻状态(截止状态)；当反向电压绝对值大于或等于击穿电压时，通过 TVS 的电流呈指数型上升，TVS 处于低阻状态(反向导通状态)，使两极间的电压钳位在某个固定值。TVS 在应用时，与保护的电路并联使用，两端可以承受瞬间的高能量冲击，反应特别迅速。将 TVS 并联在信号线上，或者并联在电源线上，可以有效地防止系统敏感器件受瞬间的脉冲干扰，确保系统稳定可靠。TVS 实物如图 8-30 所示。

TVS 具有响应速度快(比压敏电阻和气体放电管快，最高达 10^{-12} s)、瞬态功率大、寄生电容小、漏电流低、击穿电压偏差小、钳位电压低(相对于工作电压)、可靠性高、体积小、易于安装、可承受数百安培的瞬时脉冲峰值电流等优点。

(4)气体放电管。气体放电管是由封装在玻璃管或者陶瓷管内部的一对电极和内部惰性气体组成。气体放电管通常并联在电路中，正常情况下，其处于截止状态，阻抗非常高，可以忽略对电路的影响。当电路中出现浪涌电压时，高压脉冲耦合到电极上，电极之间的高压电离气体，惰性气体导通，呈低阻状态，有效地消耗掉浪涌能量。气体电离导通放电具备负阻特性，因此气体放电管的阻抗指数性降低，可以快速、高效地消耗浪涌能量，保护后级敏感器件。同时，

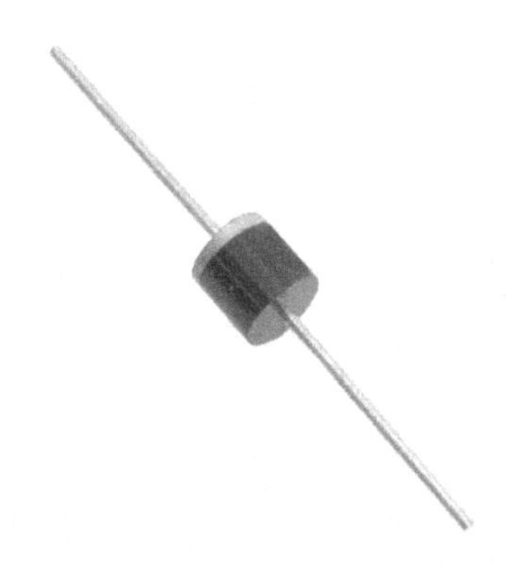

图 8-30 TVS实物

要注意气体放电管的有效寿命较短，为保证可靠性要定期更换。气体放电管实物如图 8-31 所示。

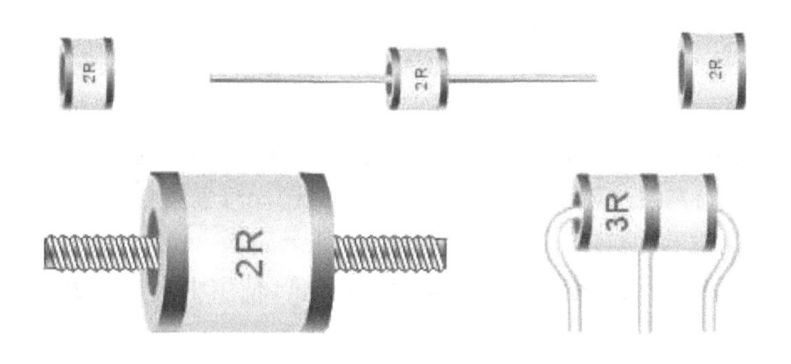

图 8-31 气体放电管实物

气体放电管工作电压从几十伏到几千伏，瞬间电流可达几万安培，放电管极间绝缘电阻大而寄生电容很小，一般小于 3 pF，可用于高频信号线路的防雷，尤其应用在大功率的智能马桶中。

各种保护器件在性能上各有差异，吸收能力大的（如气体放电管），响应脉冲信号的速度太低，档次也很少，离散性大，只适用于一次侧保护。而速度快，限压精度高的（如硅瞬变电压吸收二极管），吸收能力又太弱。这样就促使人们想到了利用各种保护器件固有的特点，把它们组合在一个保护器里，取长补短，发挥各自最大效能，这种想法促成了组合式保护器的诞生。

应用时的注意事项如下：

（1）保护器要装在电源线的开关和熔断器的后面，以便对开关切换和熔断器熔断时产生的瞬变也能起到保护作用。

（2）为了避免保护器在吸收冲击电流时，可能使主回路熔断器熔断，使被保护设备被迫断电，建议在保护器支路中附加一个熔断器，它与主回路熔断器的电流容量比值为 1∶1.6。这样冲击电流首先熔断的将是保护回路的熔断器，而让主回路能保护连续供电。如图 8-32 所示，加熔断器保护是一个可能采取的方案。保护回路熔断正常时，熔断正常导通，故发光二极管点亮，代表保护回路正常。一旦保护回路熔断器熔断时，发光二极管的通路断开，故发光二极管熄灭，告诉使用人员要及时更换熔断器，以避免浪涌干扰在此发生时，让被保护的智能马桶受损。

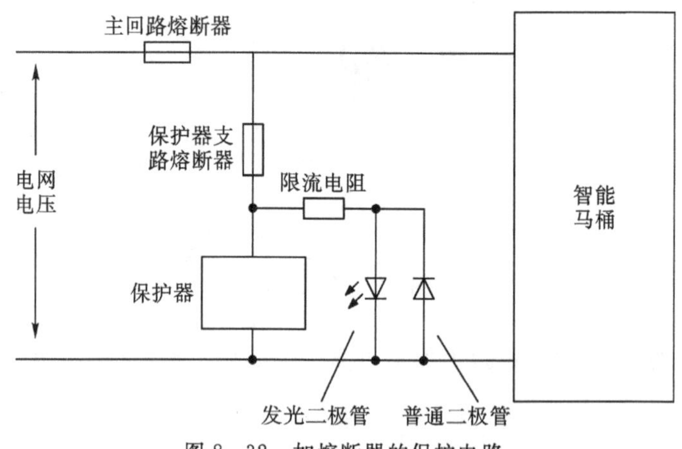

图 8-32 加熔断器的保护电路

(3)响应速度问题(特指压敏电阻和硅瞬变电压吸收二极管)。压敏电阻和硅瞬变电压吸收二极管的动作延时很小。一般认为是纳秒级的。故它们对瞬变干扰的钳位几乎可以看成是没有延迟的。但是这些器件的引线电感会掩盖其高速响应的特点。器件引线电感引起的感应电压与引线电感量及器件钳位瞬间吸收电流的变化率($\mathrm{d}i/\mathrm{d}t$)成正比。其中电流变化率与器件本身的特性、干扰源的干扰幅值、干扰源的内阻有关，是定数，不由使用人员改变。因此，感应电压的大小主要取决于引线电感的大小，即引线的长度，使用中应将压敏电阻的引线剪得越短越好。

(4)高能量瞬变会在电源线上产生非常大的电流瞬变，为避免它与智能马桶间的电磁耦合，保护器应装在电源入口处，并远离其他布线，如条件不许可时，应加电磁屏蔽措施。另外，保护器的接线要粗，要确保保护器有低阻抗的接地通路。

2. 浪涌保护措施

雷击浪涌试验有共模和差模两种，因此浪涌防护器件的使用要考虑到与试验相对应，为显现使用效果，浪涌吸收器要用在进线入口处，由于浪涌吸收过程中的 $\mathrm{d}i/\mathrm{d}v$ 特别大，在器件附近不能有信号线和电源线经过，以防止因电磁耦合将干扰引入信号和电源线路。此外，浪涌防护器件的引脚要短，防护器件的吸收容量要与浪涌电压和电流的试验等级相匹配。

最后，采用组合式保护方案能够发挥不同防护器件各自的特点，从而取得最好的保护效果。图 8-33 所示为典型的两级浪涌保护器结构，在该电路中，MOV_1、MOV_2、MOV_3 构成第一级浪涌保护，用于滤除电源线中产生的绝大部分浪涌能量；TVS_1、TVS_2、TVS_3 器件组成第二级浪涌保护，用于滤除电源线上的残余浪涌能量。

浪涌保护器(SPD)按工作原理可以分为电压开关型 SPD、限压型 SPD 及组合型 SPD 三种类型。

(1)电压开关型 SPD：主要是指气体放电管一类的器件。保护器在正常工作情况下处于绝缘状态，阻抗无穷大，寄生电容非常小，处于开路状态。当线路中存在浪涌电压时，该类型保护器就突变为低阻状态，有效抑制浪涌。电压开关型 SPD 具有不连续的伏安特性。

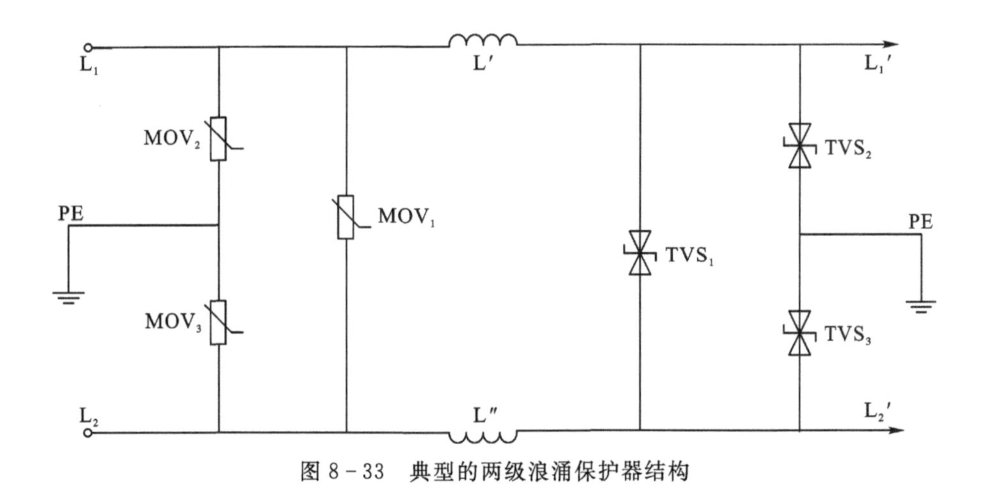

图8-33 典型的两级浪涌保护器结构

(2)限压型SPD:也称为钳压型SPD,主要是指压敏电阻、TVS抑制二极管一类的器件。在正常工作情况下,限压型SPD处于高阻状态,伴随着器件两端电压的升高,阻抗逐渐减小,当达到某个特定值时阻抗呈指数型降低,实现浪涌电压的抑制。限压型SPD的伏安特性一般是连续的。

(3)组合型SPD:该类型是由电压开关型SPD和限压型SPD组合而成,所以它可以同时具有电压开关型和限压型的特性,这取决于所加电压的特性。

我们可根据智能马桶的功率大小、工作特点、应用环境等选择合适的浪涌保护器。并不是防雷器残压越低越好,因为这样容易引起防雷器误动作。SPD的最大持续工作电压值应考虑到电网可能出现的正常波动,对于电网不稳定的情况下,应该选择最大持续工作电压比较高的SPD;考虑过电流比较小的场合,可以选用标称电流较小的防雷插座即可;若过电流比较大,必须选择过电流比较大的SPD,如标称电流20 kA的电源防雷器。

具体的浪涌保护措施有以下几种。

(1)电源线的相线和零线之间加入防雷器。如图8-34所示,这可以防止三相四线的零线断线引起的中性点移位,其产生的过电压会危及人身和智能马桶安全,有些防雷器可以直接装在智能马桶的插座里。

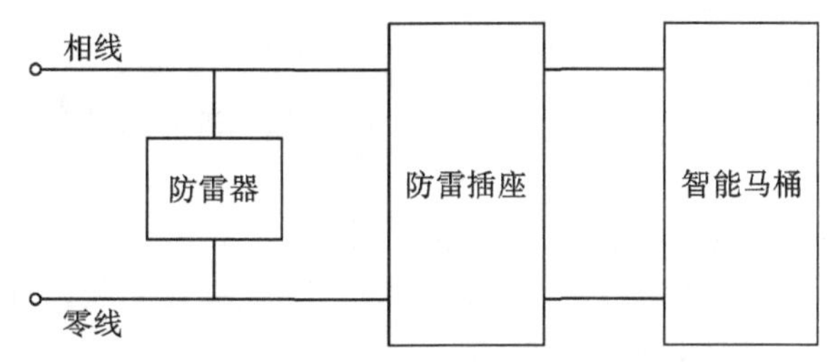

图8-34 相线和零线之间加入避雷器

(2)电源线的相线和地之间、相线和零线之间加入防雷器,这样对智能马桶是双重保险,如图8-35所示。

(3)在接地有困难的地方,在零线和相线之间加入防雷器。

(4)在雷电骚扰比较小的场所,只安装防雷电源插座即可。

(5)智能马桶和电源线都做好接地工作,以便高压可以及时迅速地泄放出去。

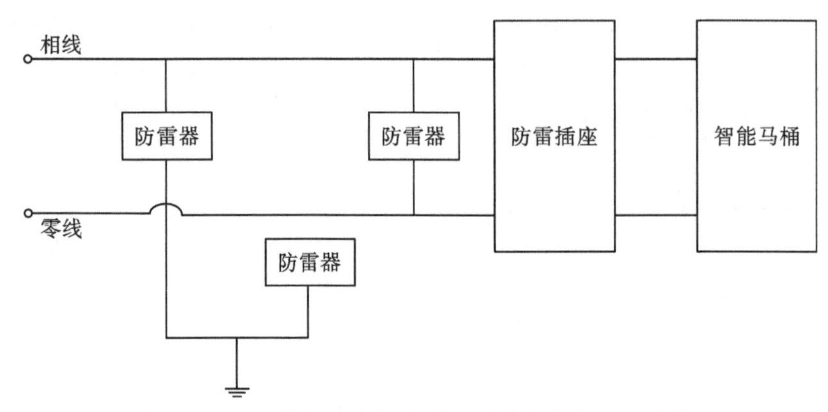

图 8-35 相线和地之间、相线和零线之间加入防雷器

(6)智能马桶的安放位置尽量离外墙和柱子远一些。

(7)在产品的内部设计里加入防浪涌设计。例如,加入 PCB 的尖端放电设计,加入各类浪涌防护器件。

8.6 注入电流

注入电流即射频场感应的传导骚扰抗扰度,射频场感应所引起的传导干扰与射频场辐射干扰恰成一对,相互补充,形成 150 kHz～1000 MHz 全频段抗扰度试验,其中 150 kHz～80 MHz 为传导抗扰度试验;80 MHz～1000 MHz 为辐射抗扰度试验。

在通常情况下,被干扰设备的尺寸要比频率较低的干扰波(如 80 MHz 以下频率)的波长小很多,与之相比,智能马桶引线(如电源线等)的长度则可能达到干扰波的几个波长(或更长)。这样,智能马桶引线就起到了天线的作用,接受射频场的感应影响,变为传导干扰侵入智能马桶内部,最终以射频电压和电流形成的电磁场影响设备工作。

干扰信号除了通过电源线路进入智能马桶(传导干扰)外,还有部分会从线路逸出,成为辐射信号进入智能马桶(辐射干扰)。故智能马桶受到的干扰实际上是传导干扰与辐射干扰的结合,该试验要产生连续不断的试验电磁波,其频率范围为 150 kHz～230 MHz。随着频率的升高,辐射场信号电平也在逐渐增大。因为当试验电磁波的频率逐步增大达到几十兆赫兹之后,试验电磁波本身从线路逸出的部分也在增多,再加上其产生的谐波频率将更高,因此辐射将更高。

注入电流试验产生的感应信号能导致很多问题,总结如下:系统的重启,模拟或数字电路受损,显示屏上出现错误读数,数据丢失,数据传输停止、变慢或中断,高误码率(BER),产品的状态改变(如模式、时序),开关电源受到破坏。

从试验方式看,由射频场感应所引起的传导骚扰抗扰度试验是共模试验,如果试验出现问题,主要通过对滤波的加强,以及改善设备内部的布线和布局来解决。另外,关于端子骚扰电压超标问题中的不少内容,在这里也是适用的,只是电磁干扰的走向不一致。

8.6.1 不合格典型原因

当传导抗扰度测试失败时,我们可以按照射频干扰(RFI)进入智能马桶的途径和位置,找出导致传导抗扰度测试失败的敏感点,从而有针对性地采取补救措施。

对于智能马桶而言,GB/T 17626.6 中规定的测试干扰注入方法是,耦合/去耦合网络注入,常用于电源线抗扰度试验。耦合/去耦合网络注入时,干扰信号通过电阻或电容直接注入被测电缆上。根据不同的测试方法,RFI 可经过多种路径进入智能马桶并对内部电路形成干扰,如图 8-36 所示。

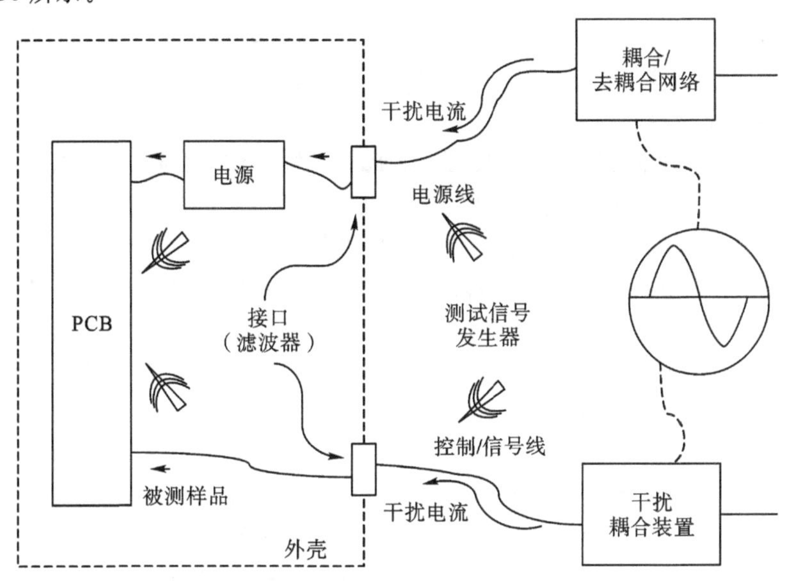

图 8-36　RFI 的多种传导路径

在规定的测试频段内不同频率骚扰信号的路径如下:在 RFI 频率低端(150 kHz～10 MHz),RFI 主要通过电缆直接进入智能马桶内部。在 RFI 频率中端(10～50 MHz),沿被测电缆直接传递进入智能马桶内部是 RFI 的主要干扰形式;被测电缆与智能马桶其他部分感性和容性耦合效率已经较高,成为不可忽略的干扰因素。在 RFI 频率的高端(50～230 MHz),沿被测电缆直接传递进入智能马桶内部依然是 RFI 主要干扰形式之一;被测电缆与智能马桶其他部分之间的感性和容性耦合也成为产生干扰的主要因素。同时,RFI 通过空间辐射传递的效率已经较高,特别是在 80～230 MHz,RFI 通过空间辐射传递已成为干扰的另一主要因素。

对电源线进行试验时,如果设备内没有二次电源模块(AC-DC、DC-DC),这种干扰会直接传导进入电路,以电源线噪声的形式对电路造成严重的干扰;如果有二次电源模块,大部分干扰会被隔离掉,二次电源为电路提供比较清洁的电源。这时,主要的干扰模式是二次辐射对内部敏感电路造成的干扰。

8.6.2　整改对策

注入电源电缆上的既有共模电压,也有差模电压。对于电源线的试验,一般只要在电源的入口安装了性能较好的滤波器就不会出现问题。智能马桶的射频场感应传导抗扰度试验的具体整改措施如下。

1. 对被测电缆的处理

注入电流测试时,电缆是射频信号传输主体,对电缆进行改进,将电缆内共地信号传输改为双线平衡双绞线传输，为电缆内公用返回线的多根信号线各配备一根返回线，且信号线与返回线构成双绞线对，这样可以有效地减少射频骚扰进入智能马桶内部，提高智能马桶抗干扰能力。

(1)对电源线缆和低频控制或数字信号传输电缆的处理。若该类电缆测试不合格，加装滤波器可有效解决问题。若原来有滤波器，可通过改造或更换来解决。若智能马桶内部有微弱信号处理或放大电路，对通过接口引入的干扰可能非常敏感，被测电缆换成屏蔽电缆可能是必需的。此时注意屏蔽电缆的接地问题，否则，效果可能适得其反。同时注意，非同轴的屏蔽电缆屏蔽层不可以当作信号回线使用。

(2)对中低频敏感信号传输电缆的处理。若此类电缆测试不合格，对于智能马桶的非金属外壳，可将电缆内信号传输改为双线平衡式或同轴电缆传输，并提高其屏蔽效能。同时，信号电缆进入智能马桶后，应在过壁处加装共模抑制滤波器。

(3)对高频信号传输电缆的处理。若此类电缆测试不合格，可将非同轴电缆改为同轴电缆；若原为同轴电缆，应提高其屏蔽性能；电缆屏蔽层在穿过外壳时与外壳 360°环接，穿过外壳后仍然用同轴电缆连接到内部 PCB 上。电缆进入智能马桶后，可在壳体内靠近入口处加装共模滤波器。

2. 接口滤波

对于注入电流测试，滤波器可以在电缆接口处建立一个屏障，将干扰隔离在接口外而让有用信号无阻碍传输，从而可有效防止干扰通过被测电缆进入智能马桶内部。

(1)电源线接口的滤波。在电缆进入壳体接口处安装电源滤波器，滤波采用过壁安装方式，并通过外壳隔离滤波器输入和输出。不是所有的电源滤波器都满足注入电流的测试要求，部分抑制频率范围可能只到 30 MHz，部分只是单方面的干扰抑制能力比较强。因此，若电源电缆注入电流测试不合格，可能需要对原有电源滤波器进行改造，扩展其抑制干扰频率范围，并提高对外部共模干扰抑制能力。

(2)信号和控制线接口的滤波。对信号和控制线接口可使用共模扼流圈滤波。若接口处原来有滤波器，可通过改进性能来提高其共模扼制特性。若单个扼流圈对共模干扰衰减不够，可加装多个扼流圈以拓展其扼制频率范围，并提高共模衰减值。

3. 提高内部电路的抗扰性

如果仅通过以上措施无法完全解决注入电流问题，此时需要提高智能马桶内部电路抗扰性。

(1)智能马桶内部互连电缆的处理。进出 PCB 的较长连接线应在 PCB 接口处滤波，高频信号传输应采用同轴电缆，敏感小信号传输应采用屏蔽电缆。对非屏蔽的数字/控制传输电缆应使输出线和返回线两两双绞；对扁平电缆尽量在每根信号线旁边配一根地线。电缆走线尽量贴近外壳或接地平板，且远离外壳上的缝隙与开口，电缆在满足连接情况下尽可能短且尽量不要捆扎在一起。

(2)智能马桶内部电路的处理。对模拟电路进行 PCB 布线时，在敏感信号线旁应有地线保护且尽量缩短线长度，从而减小敏感信号回路的环路面积。对敏感信号采用平衡方式传输，对一般小信号放大器应尽可能增大放大器的线性动态范围，减少非线性失真。对于 PCB 引出的模拟信号传输端口，建议进行数字化或变压器隔离，对直流放大器，建议采用斩波稳零放大器。

对于数字芯片，所有未使用的输入端口应与地或电源连接，不可悬空；对于输入信号，电平触发比边沿触发抗干扰能力强得多；对于可编程芯片，在软件中加入抗干扰指令并采用看门狗电路是必要的；与外部相连的接口，带选通功能的接口芯片比不带选通功能的具有更强的抗干扰能力；尽量使用大规模芯片，这样可以获得较小的信号传输回路面积，提高其抗扰性；对于PCB引出的数字信号建议采用光耦隔离，变压器隔离或直接用光纤传输。

(3)其他处理措施。如对智能马桶内部电路结构布局的检验、电缆布线和分配、孔缝的位置检验和印制板布局方位的检验等。应使外壳上的缝隙或孔洞尽量远离敏感电路，不要有任何金属物体直接穿过产品机壳，输出与输入端口妥善分离，敏感电路和带干扰信号电路尽可能远离。接地是抑制噪声和防止干扰的重要措施之一，设计中应周密设计地线系统，并结合使用滤波和屏蔽等措施来有效提高设备的抗干扰能力。

参考文献

[1]帕特里克·特.安德烈,肯尼思·德烈怀亚特.产品设计的电磁兼容故障排除技术[M].崔强,译.北京:机械工业出版社,2019.
[2]张君,钱枫.电磁兼容(EMC)标准解析与产品整改实用手册[M].北京:电子工业出版社,2015.
[3]MARK I MONTROSE.电磁兼容的印制电路板设计(原书第2版)[M].吕英华,于学萍,张金玲,等,译.北京:机械工业出版社,2008.
[4]郑军奇.EMC设计分析方法与风险评估技术[M].北京:机械工业出版社,2020.
[5]张伯龙.电磁兼容(EMC)原理、设计与故障排除实例详解[M].北京:化学工业出版社,2020.
[6]马德军.洁身器具质量特性及评价[M].北京:中国标准出版社,2019.
[7]郑军奇.EMC电磁兼容设计与测试案例分析(第三版)[M].北京:电子工业出版社,2018.
[8]陈立辉.电磁兼容(EMC)设计与测试之电脑及其外围产品[M].北京:电子工业出版社,2014.
[9]陈立辉.电磁兼容(EMC)设计与测试之电视电声产品[M].北京:电子工业出版社,2014.
[10]陈立辉.电磁兼容(EMC)设计与测试之家用电器[M].北京:电子工业出版社,2014.
[11]陈立辉.电磁兼容(EMC)设计与测试之汽车电子产品[M].北京:电子工业出版社,2014.
[12]陈立辉.电磁兼容(EMC)设计与测试之信息技术设备[M].北京:电子工业出版社,2014.
[13]陈立辉.电磁兼容(EMC)设计与测试之移动通信产品[M].北京:电子工业出版社,2014.
[14]陈立辉.电磁兼容(EMC)设计与测试之照明灯具设备[M].北京:电子工业出版社,2014.
[15]周开基,赵刚.电磁兼容性原理[M].北京:哈尔滨工程大学出版社,2012.
[16]谭伟,高本庆,刘波.EMC测试中的注入电流[J].测试与测量,2003(4):19-22.
[17]安雪,沈飞,金冬磊.GB 4343.1—2018与2009版的主要差异与应用解析[J].环境技术,2020:223-227.
[18]邸净宇.传导发射中限值超标的整改方法探析[J].电力系统装备,2019(17):86-87.
[19]朱文立.传导抗扰度试验失败原因分析及对策[J].安全与电磁兼容,2008(6):80-85.
[20]郭雨,弓键.传导骚扰抗扰度测试方法及解决方案[J].数字通信世界,2015(5):9-11.
[21]曾雪,任海萍.电磁兼容测试中静电放电整改方法解析[J].中国医疗设备,2019.34(9):24-26,34.
[22]侯燕春,杨雪,石彦超,等.电磁兼容传导发射超标快速诊断方法[J].导弹与航天运载技术,2019.(6):123-126.

[23]娄鑫霞.电磁兼容中的测试与处理的若干关键技术研究[D].2013.

[24]翁利民，田智萍.电弧炉的电压闪变及其抑制对策[J].冶金动力，2002.(1)：1-2，4.

[25]王蕾.电力系统谐波检测与抑制方法的研究[D].成都：西南石油大学，2016.

[26]朱文立.电子产品的辐射骚扰问题分析与对策.2010 中国电子学会可靠性分会第十五届可靠性学术年会论文集[C].张家界：中国电子学，2010.242-248.

[27]姚家俊，钟远生，黄开旭.国标 GB 4343.1—2018 解读[J].品牌与标准化，2020(4)：05-07，12.

[28]陈卉，唐力华，黄友新.家用电器及类似产品的辐射骚扰及不合格整改方案[J].品牌与标准化，2020(4)：56-58.

[29]田禾箐.雷击浪涌测试及校准方法研究[D].上海：上海交通大学，2016.

[30]马进.认证试验中 EMC 问题整改对策研究[D].大连：大连理工大学，2009.

[31]郭远东.骚扰功率的测试、不合格原因分析与对策.2011 第十四届全国可靠性物理学术讨论会论文集[C].苏州：中国电子学会，2011.172-176.

[32]蒋光彩.实现电磁兼容，从根本上提高产品质量和可靠性[J].计量与测试技术，2004(8)：27-28，30.

[33]阮星.信息技术设备辐射骚扰诊断与对策研究[J].电子质量，2011(4)：68-71.